U0161697

湛庐 CHEERS

与最聪明的人共同进化

HERE COMES EVERYBODY

A Modern
Way to Live
打造
完美之家

［英］马特·吉伯德（Matt Gibberd） 著
夏佩瑶 袁桦 译

中国纺织出版社有限公司

谨以此书献给费伊、因迪戈、雷恩和艾塔。
有了你们，房子才叫家。

测一测

你会布置一个温馨的家吗？

扫码鉴别正版图书
获取您的专属福利

扫码获取全部测试题及答案，
一起了解那些令人身心舒适的
家装设计

- 如果你买下一栋老房子，或一间老式公寓，怎样装修更合理？（ ）

  A. 立刻把原有的装修全部推翻，重新设计

  B. 只对损毁的部分进行修补、再装修

  C. 尽量遵循它原始的设计，适当加以修补

  D. 完全不装修，直接沿用原始的设计

- 当你选购一处住宅时，什么样的周边环境会提高居住舒适度？（ ）

  A. 湖、河等水景

  B. 群山环绕

  C. 绿地、公园

  D. 繁华的街道

- 以下哪种色调更容易营造舒适的厨房氛围？（ ）

  A. 代表时尚的黄色系色调，给人以生命的活力

  B. 代表干净、明亮的白色系色调，让人感觉轻松、纯粹

  C. 代表吉祥、喜庆的红色系色调，打造热情奔放的氛围

  D. 代表沉稳的蓝色系色调，给人一种冷静、理智的感觉

扫描左侧二维码查看本书更多测试题

4

Nature
自然

5

Decoration
装饰

引言　寻找完美之家

何为完美之家

小时候，我周末经常到汉普特斯西斯公园（Hampstead Heath）的湖边，把快过期的面包掰成块儿抛向湖面，然后看着满怀期待的野鸭们将这些面包块儿一抢而空。要是我扔得够准，面包块儿还有可能直接飞进湖对岸那栋房子的花园。我时而会想象房主边拿铲子清理草坪上的面包屑，边小声嘟囔"那些熊孩子"的幽默场景。我一直对那栋房子情有独钟——夸张的挑檐和堆成网格状的玻璃砖墙，它像极了我趴在卧室地上用乐高拼出来的"梦中情房"。

30年后，我站在那栋房子的门厅里，发现它那由不透明玻璃砖打造的墙体其实非常实用：不仅可以把周围的房子从视线中隐去，还可以把透进来的阳光分割成闪耀的碎片。此外，房子里用混凝土浇筑的楼梯好像荷兰版画家埃舍尔（M. C. Escher）画中夸张的几何图案，让人仿佛在房中曲折穿行。我扶着光滑的粉色大理石楼梯栏杆来到楼下，发现整层楼全部被打通，融合成一个集烹饪、用餐、休息于一体的多功能空间。天花板上装有滑轨，上面挂着将室内空间分隔开来的三原色窗帘。拉上窗帘，室内的氛围一下子就变了。用餐区外围铺设着蓝色马赛克瓷砖，下沉式的用餐区则改用白色瓷砖，为日常用餐增添了几分仪式感。一套伊姆斯椅搭配圆形岩板餐桌，与水泥天花板上类似曼陀罗花的圆形图案交相辉映。走到用餐区最里面，会看到一个配有天鹅绒坐垫的嵌入式长凳，让人想要坐下来欣赏窗外茂密的绿树。

之后，我来到一楼的卧室，发现卧室的一整面墙都采用不透明玻璃砖，隐约映射着屋外汉普特斯西斯公园的美景。大约在我大腿的高度处还有一排透明玻璃，等我坐在床上一览窗外美景时才意识到，这排透明玻璃的高度是经过精心设计的。卧室的一角是开放式浴室和洗手池，旁边用一扇蓝色小门将马桶遮蔽起来。室内铜制的管道没有被刻意地隐藏，而是反其道行之，直接伸到了卧室的另一头。巧妙的是，它刚好起到分隔区域的作用。回顾我看过的所有住宅，这栋房子的设计最为精巧，个人风格最为鲜明。在室内漫步，仿佛让我回到了小时候第一次看到这栋房子的情景，不变的是我对它的那份好奇心。

这栋房子的建筑师叫布赖恩·豪斯登（Brian Housden），虽然他的名气不大，但总有许多奇思妙想。他从法国巴黎的玻璃之家和荷兰中部城市乌得勒支的里特维尔德·施罗德住宅（Rietveld Schröder House）中汲取灵感，倾尽毕生精力，在北伦敦的上流街区打造出这样一栋激进风格的欧洲现代主义住宅。1964 年，豪斯登带着妻子和三个女儿搬到这里，但当时房子仍未建成，厨房里只有一根立管，盥洗室也是临时的。多年后，房子的整体构造才算定型，而室内的设计则是豪斯登在接下来的几十年里边赚钱边完善的。他的女儿特丝·豪斯登（Tess Housden）回忆道：

> 门、架子、柜子是花了好多年时间才慢慢添置的。父亲当时参加了英国伦敦城市行业协会的木工培训，买来机器，自己做家具。他倾注了很多时间，做这些事绝对是兴趣使然。刚搬到这里时，我还小，全家人睡在楼梯下的行军床上，街上的孩子们也会来家里玩。我们在房子里跑来跑去，然后从露台上往工地的沙堆里跳，整栋房子就像一所大型游乐场。

豪斯登的很多同辈都鼓励他把房子申报为保护建筑。2002 年，他向英格兰遗产委员会提交申请，但当时人们对野兽派建筑风格褒贬不一，最终没能通过审核。直到 2014 年，人们才意识到这栋房子的建筑意义，因此它被列为二级保护建筑。在这栋房子成为保护建筑两天后，豪斯登逝世。

豪斯登的女儿们想为房子找一个新主人，便委托我和朋友阿尔伯特·希尔（Albert Hill）合伙创办的房地产公司——现代住宅（The Modern House）代理售屋事宜。对于周围社区的大多数住户来说，这栋房子就是一个碍眼的水泥巨物，但后来买下它的这家人却钟情于它建材的触感、令人愉悦的自然采光、空间布局的质量以及与周围景色的完美融合。对他们来说，豪斯登的房子代表一种新的生活方式，一种更好地将居住体验作为核心的生活方式。

引言
Introduction

打造完美之家
A Modern Way to Live

引言
Introduction

打造完美之家
A Modern Way to Live

优质生活的五大要素

从 2005 年起，现代住宅公司就致力于出售充满设计感的房屋。当时，我还在为《家居世界》（*The World of Interiors*）杂志撰文审稿，我曾经的同窗好友阿尔伯特那时在《墙纸》（*Wallpaper*）杂志做设计编辑。阿尔伯特在美国结识过一位房地产经纪人，专门销售 20 世纪中期建成的现代住宅，直觉告诉我们，如果能精心挑选一些现代住宅在英国出售，同样会大受欢迎。

就这样，没有任何商业计划，甚至连一点规划都没有，我们便直接联系起了业务。当时，有一栋建于 20 世纪 30 年代的二级保护住宅——六柱之屋（Six Pillars）正在挂牌出售。我们直接致电房主，约了对方见面详谈。我们还临时赶制了一些新的信头纸和名片，厚着脸皮自诩为"专售 20 世纪和 21 世纪具有独特建筑风格的住宅的专家"。

到了见面那天，我们穿上了压箱底的无领衬衫，然后搭乘开往锡德纳姆山的火车。我们虽然模仿建筑大师理查德·罗杰斯（Richard Rogers）的穿衣风格，却没有穿出他的庄重感。客户的思想出乎意料地开放，他并不在意我们没有房屋销售经验，而是关注我们的学识和干劲，比如是否储备了丰富的设计能力和建筑知识。那天，在我记忆中留下最深刻印象的画面就是我们三个人站在双层高的门厅里，抚摸着那把由匈牙利建筑师马塞尔·布劳耶（Marcel Breuer）设计的胶合板休闲椅。

拿到房屋的代理权后，下一步我们要做什么呢？当时，线上购房的业态还未成熟，英国最大的房地产门户网站 Rightmove 尚在初创阶段，另一个房地产网站 Zoopla 也是三年后才建立的。当初，我们就在阿尔伯特的卧室办公，窗外是汉普郡乡村的大片谷田，根本不可能通过在窗上张贴广告来提高曝光度。

不过，有一件事我们特别擅长——编辑方案。于是，我们请到了著名室内摄影师贝丝·埃文斯（Beth Evans）为房子拍照。她不用闪光灯，单靠屋内的自然光来突出建材质感和建筑细节。20 世纪 30 年代，建筑师瓦伦丁·哈丁（Valentine Harding）受德威大学预科学校前校长杰克·利基（Jack Leakey）的委托设计了这栋房子。我们还专门去图书馆复印了一些关于他们的资料，并以此为素材制作了一个新潮的推广小册子，着重说明这栋房子的历史意义。纽约著名平面设计公司 Hyperkit 的设计师凯特·斯克莱特（Kate Sclater）和蒂姆·巴兰（Tim Balaam）使用 20 世纪 30 年代现代主义建筑师勒·柯布西耶（Le Corbusier）设计的另类色卡，为我们设计了一个非常漂亮的网站。编辑安娜贝尔·弗赖伯格（Annabel Freyberg）在英国《每日电讯报》（*The Daily Telegraph*）上为我们撰文，《墙纸》杂志也刊登了关于我们的文章。总之，卖房事宜算是步入了正轨。

最初几年，公司经营得很不容易。萨里郡的戈德尔明市有一个为帮扶当地艺术家和初创企业而改造的消防站，我们就在那里扎营办公。这里的优点是租金便宜，一个月只需要 55 英镑，这栋房子的问题不仅是没有暖气，还有一个更为严重的问题是基本没什么人给我们打电话联系业务。有时候，我们觉得自己就像小孩子玩过家家，完全没有创业的实感。

现在回想起来，我们可能是较早涉足线上房地产业务的那批人。后来，像紫砖（Purplebricks）这类大型房地产门户网站的兴起对我们业务的拓展大有裨益。虽然他们主打的市场和我们完全不一样，但他们的确改变了大众对线上房地产交易的看法，而我们真正找准的一点是大家对于优质生活的极度渴望。从一开始，我们就没有把房子简单视作贴着价签的"房产"，在我们眼里，每栋房子都是可以改变人们生活的"家"。

现代住宅公司作为一家房地产公司，并没有限定业务的经营范围，而是一切以建筑质量为主。在收到的代理需求中，我们大概婉拒了一半。这看起来虽然像是自杀性商业行为，但在这个竞争激烈的市场里，坚守精心筛选这一基本原则是我们取胜的法宝。我们只代理那些自己喜欢且想住的公寓和房子，它们可以是有着高耸天花板、由小教堂改造的住宅，可以是带有水泥柱的复式公寓，可以是保护建筑名录里现代主义野兽派风格街区的公寓，也可以是现代主义时期建造的一处布满灰尘、有待修缮的遗迹……最重要的是，我们经常问自己：这所房子会是一个装满幸福的家吗？

人们对住宅的审美在不断发生变化，从极具力量感的现代主义住宅，逐渐过渡到更加柔和、更易接受的风格，我们也一直努力紧跟大众审美潮流。2021 年，我们创立了"现代住宅"的姊妹品牌伊尼戈（Inigo），主要出售设计精妙的教区长住宅、维多利亚风格别墅和朴素的工人小屋。品牌名字的灵感来自自学成才的建筑大师伊尼戈·琼斯

（Inigo Jones），在 17 世纪早期，伊尼戈便将古典主义建筑风格引入了英国。

我的很多理念都得益于早年间在《家居世界》的工作经历。在那里工作时，虽然我对审美的理解并不透彻，却得到了独家美学培训，学会了如何对马里的泥屋和瑞典的宫殿抱有同等的尊重。这种对建筑物公平的审美，是我和阿尔伯特经营现代住宅公司这么多年一直保持的初心。我们认为单间公寓和庄园都值得赞美，任何一种住宅都在以自身独特的方式，教会我们如何利用好空间，如何把握好采光。

这份房地产中介的工作让我可以打开一扇扇紧锁的、隐蔽的大门，游览各式各样的住宅。我有时会向房主提供一些售楼建议，有时也会采访他们，并将我们的一些对话内容刊登在我们自创的电子杂志上。我也一直在为《家居世界》杂志供稿。这些年，我和来自不同群体、性格各异的客户打交道：从租户到永久产权业主，从空巢老人到多口之家，从群居者到独居者。有的人生活在局促的都市公寓，有的人住在乡间别墅或在海边隐居。我惊喜地发现，无论是哪类人的生活，都遵循着一系列潜在的设计理念。

本书旨在介绍这些理念，并试图教会大家如何在家中一一践行它们。经过深思熟虑，我将这些理念分为五大类：空间、光、材料、自然、装饰。我相信，人们只要密切关注这五大要素，就可以收获更优质、更充实的生活。

为了避免大家听我的一家之言，我在书中添加了大量真实案例。我们经常会问客户同一个问题："现代生活对你意味着什么？"我们得到最多的答案是："深思熟虑的设计等同于幸福感的提升。"就拿我的朋友多米尼克·冈特（Dominic Gaunt）和丽贝卡·冈特（Rebecca Gaunt）来说，几年前，他们买下了铁路旁一处非常普通的平房，将其改造成一栋精美的现代住宅。丽贝卡曾说：

> 房子里的空间、光、美感是影响我居住体验的关键要素。每当我们外出归来，再次走进这个生活场所，空间与光线的交互，其中的宁静之感，都会再一次让我心动。

打造完美之家
A Modern Way to Live

引言
Introduction

011

亘古不变的设计理念

早在古希腊时期，人们就发现优质的建筑环境能够提升幸福感。埃皮达鲁斯（Epidaurus）城邦被誉为现代医学的发祥地，那里有两百多个医疗中心，全部建在拥有自然美景、宜人气候的地方。大约在公元前4世纪，当地建造了一处古典剧院，当时身穿长袍的古希腊人纷纷去那里看戏、听音乐，身处这样的环境中有利于缓解人们日常的小病小痛。

著名的古罗马建筑师、土木工程师、作家维特鲁威乌斯（Vitruvius）发现，优质的设计和人类的居住体验联系紧密。他在其著作《建筑十书》（*The Ten Books On Architecture*）中曾写道：

> 好的建筑有三个原则：坚固、实用、美观。

《建筑十书》是欧洲公认的第一本建筑理论著作，书中涵盖数学、气象、医学等多个领域，概述了罗马人的建筑理念，他们认为建筑能够改善人们的精神生活。

15世纪初，佛罗伦萨学者波焦·布拉乔利尼（Poggio Bracciolini）发现了《建筑十书》的手抄本，这一发现成为影响文艺复兴、巴洛克和新古典主义时期的建筑师们艺术理念的关键节点。这些建筑师开始不断追求古罗马建筑那种清晰、柱式和均衡的风格。在15世纪的意大利，像莱昂·巴蒂斯塔·阿尔伯蒂（Leon Battista Alberti）这样的文艺复兴时期的人文主义学者，广泛涉猎建筑、诗歌、哲学、艺术等领域，想要营建出感性和理性并蓄的居住环境。为了帮助人们远离城市的喧嚣和污染，文艺复兴风格的别墅由此建立，设计师们还在住宅周边修建了法式花园，以此彰显人们对幸福生活的向往和追求。

现代主义虽然从根本上改变了建筑设计语言，但其中具有代表性的建筑师仍在沿用前人的许多观点和理念。1927年，德国魏玛公立包豪斯学校的创办人瓦尔特·格罗皮乌斯（Walter Gropius）表达过一个观点："一个房子必须实用、耐用、经济且美观。"

这种说法与维特鲁威乌斯两千多年前所写的内容高度一致。而德国极负盛名的工业设计师迪特·拉姆斯（Dieter Rams）则遵循着一套自己的设计规则。20世纪70年代，他提出了优秀设计的十大准则，强调建筑设计需要真诚、富有美感且耐用，这也是他作品的风格。我在参观各种现代住宅时，常常能看到墙上挂着拉姆斯的经典之作"606万用置物柜系统"（606 Universal Shelving System）。他的作品和维特鲁威乌斯及瓦尔特·格罗皮乌斯的作品一样，经得住时间的检验，因为成功设计的本质特征都是相通的，能超越一切审美偏好。正如著名家居设计师特伦斯·康兰（Terence Conran）在《必备家居指南》（*The Essential House Book*）一书中写的：

> 装修的潮流像裙摆一样摆动不定，只有人们对舒适和温馨的向往经受住了时间的考验。这并不是说设计风格都是无趣或无用的，而是说人们应该找到自己真正喜欢的风格，找到空间、灯光、颜色、材料的独特搭配，这些东西才是最重要的。只有这样，即使当下的装修已经过时，你仍会持续在住所里找到精神的愉悦。

滋养感官

无论贫富，家，对于人们来说都不应该仅是物质支柱，也应该是精神依托。英国诺里奇市的戈德史密斯街区由米哈伊尔·里奇斯（Mikhail Riches）和凯茜·霍利（Cathy Hawley）设计，是社会住宅项目中难得一见的有益探索。他们设计的住宅对细节有着极致的追求，倾斜的屋顶设计可以保证最充足的日照，让人心情舒畅；邻居们共享一处后花园小巷，孩子们可以在那里一起尽情玩耍；一条翠绿的步道穿过社区中央，增强了住户的社区融入感。不过，也有反面案例，比如西英格兰大学当年为满足校内居住需求而匆忙修建的学生宿舍。学校在一个停车场里建造了许多3米长、2.4米宽的"居住舱"，周围矗立着原有的学生公寓楼。每个宿舍只有一扇小窗户能看到公共步道，宿舍里使用的是仿砖包层，还铺设着明装电线。学生们都抱怨这种设计"不人性化"且"不利于精神健康"，不久后，学生们便拒绝居住于此。

虽然不知道那些学生宿舍能否称得上是"设计"，但设计者着实没有考虑到学生们的居住感受，也没能全面思考他们的感官体验。宿舍选用的建材都是人造层压制品和塑料，触感不好，也不结实，比不上从自然中获取的材料；墙壁很薄，隔音效果差，严重侵犯了学生们的个人隐私；房间内通风条件也较差，异味根本排不出去……

从一般意义上来说，人类的感官有5种：视觉、听觉、嗅觉、触觉和味觉。但是，现代认知神经学研究认为，人类的感官可多达33种，比如触觉在不同压力和温度下会给人不一样的感受。芬兰建筑师尤哈尼·帕拉斯玛（Juhani Pallasmaa）在他的著作《肌肤之目》（*The Eyes of the Skin*）中提到，建筑设计中的视觉体验占据绝对优势，导致其他感官常被忽视。的确，每当谈起不够人性化的建筑设计，我们脑海里浮现的都是市中心那些只考虑视觉效果而修建的办公大厦。在这些大楼里出入，人们感受不到人情味。多数大楼都是设计师们坐在电脑屏幕前闭门造车的成果，只考虑大楼的观赏性，极少考虑人们的真实体验。社交媒体的兴起让这种趋势愈演愈烈，一个又一个设计师一门心思地琢磨着怎么才能建造出惊艳的建筑外形。

为了改变这一令人担忧的趋势，国际健康建筑研究院确立了一个好评如潮的建筑评价标准，来衡量工作场景中建筑对员工幸福感的影响。该标准从空气、水、营养、光、健身、舒适、精神七大维度给新建造的商业大楼评分，好让设计师和房地产商们在设计时考虑得更加全面。

在住宅领域，一批具有前瞻性的建筑师在不断引领潮流。彼得·索尔特（Peter Salter）在西伦敦设计的沃尔默庭院（Walmer Yard）就完美地体现了多感官设计理念。地产开发商克里斯平·凯利（Crispin Kelly）在英国建筑联盟学院就读时曾是索尔特的学生，后来二人一起历时 10 年，建成了这个诗意的小院。小院里，四套住宅紧凑地坐落其中，漫步于此，你还能敏锐地听到声音的变化：有行人在金属楼梯上走动的震颤声，有雨水打在铜制雨水斗上的治愈声，还有陶泥和秸秆混合的餐厅墙面所营造出的静谧。置身其中，你仿佛在听奥兹国巫师在帘子后操纵声音合成器 ①，有种电影场景再现的感觉。室内设计师采用一系列做法保障材料的触感，用亮漆涂制衣柜，用混凝土浇筑墙面，用皮革缝制扶手，用钢制材料焊接卫浴产品等。地下室的房间从地面到天花板全部由用柳树和芦苇编制的材料覆盖，散发出一股乡村田园的气息，让人感觉仿佛栖居在巨大的鸟巢里。

---

① 此画面为电影《奥兹国的女巫》（*The Witches of Oz*）中的场景。——译者注

打造完美之家
A Modern Way to Live

何以为家

事先说明，我不是专业的地产开发商，也不是拥有专业背景的设计师、空间规划师、建筑历史学家、环境心理学家，更不是研究亲生命性（biophilia）① 的专家。不过，作为建筑师的儿子，我大部分的童年时光都是在建筑工地里度过的。即便如此，我仍然是那种连往墙上挂幅画都会弄伤自己的人。本书中，我会尽量避免自以为是的论调，毕竟写作的过程是在与读者对话，也是在与自己对话。

我一直深知设计的重要性。小时候，每周我都会陪妈妈去超市采购，我的主要作用就是趁妈妈不注意，把巧克力脆皮雪糕和芝士装到购物车里。有一次，我需要买一把新牙刷，我和妈妈在洗漱用品的货架旁挑选了很久，仔细对比牙刷的颜色、材质和每个型号的人体工学设计，这件事让我至今记忆犹新。我的父母非常不理解为什么有人会买既不好看又不好用的东西，他们也不断给我灌输他们的这种购物理念。

威廉·莫里斯（William Morris）有句名言："如果你想要一条万金油式的黄金法则，那就是不实用或不好看的东西，家里一律不留。"这句格言绝对是我有意和无意中都在坚守和实践的，而关注设计的习惯似乎一直流淌在我家族的血液里。我的爷爷弗雷德里克·吉伯德（Frederick Gibberd）爵士是 20 世纪英国建筑领域的代表人物，曾在第二次世界大战期间担任英国建筑联盟学院的院长，还是英国皇家艺术研究院的院士。与知名设计师瑟奇·切尔马耶夫（Serge Chermayeff）、韦尔斯·科茨（Wells Coates）和伯特霍尔德·鲁贝金（Berthold Lubetkin）等人一样，爷爷还是英国现代建筑研究学会（Modern Architectural Research Society）的成员。

虽然爷爷去世时我只有 6 岁，但他对我的人生产生了巨大影响，他让我懂得一切皆有可能。小时候，我只觉得爷爷是一位重要的家庭成员，留着精致的胡子，我们因此都叫他"胡子爷爷"。到了十几岁，我才发现他也是一名重要的社会成员。我参观过

---

① 由爱德华·威尔逊（Edward Wilson）提出。他认为，人类与生俱来就倾向关注生命以及类似生命形式。爱德华·威尔逊是一名进化生物学家，被誉为"当代达尔文"，其著作《蚁丘》（ANTHILL）的中文简体字版由湛庐文化引进、浙江教育出版社于 2022 年 7 月出版。——编者注

他最著名的作品——位于利物浦的大都会基督国王大教堂，这座教堂因其荆棘之冠的标志性轮廓，被人们亲切地称为爱尔兰人的棚屋（Paddy's Wigwam），它与附近的由吉尔斯·吉尔伯特·斯科特（Giles Gilbert Scott）设计的圣公会大教堂形成了鲜明的对比。如果说斯科特设计的教堂凭借庞大的建筑规模收获了游客们的连连赞叹，那么，爷爷设计的教堂则是依靠简洁的建筑形式和精美的设计细节达到了同等效果。爸爸当初特意把我从伦敦接过去参观这座教堂，这次经历成为我最难忘的儿时回忆。

不知是命中注定，还是有意为之，与我步入婚姻的那个人也具有自己独特的审美意识。我的妻子费伊·图古德（Faye Toogood）自称"修补匠"，并用自己的名字开了一间工作室，专门经营时尚、家具、室内设计和雕塑相关的业务。多年来，我们一起改造了许多住宅，从卡姆登铁路旁的一个地下公寓，到南唐斯国家公园的庄园，我们一边犯错，一边携手成长。

每所房子对我们来说都意义非凡。费伊和我在 2009 年搬进伊斯灵顿的联排别墅后不久，我发现与我相识最久的朋友杰德（Jedd）就是在这栋别墅里出生的。更巧的是，在杰德来到这个世界的 35 年后，我们的大女儿因迪戈（Indigo）在他生日当天也在这里降生了。那时，房子还在翻修中，我仍记得，当时我立即请工人先停止打钻，好让妻子专心分娩。

2020 年春，整座城市因新型冠状病毒肺炎疫情（以下简称新冠肺炎疫情）封闭期间，我们住在温切斯特的一处公寓里。这时，我们又有了一对双胞胎女儿，雷恩（Wren）和埃塔（Etta）。所以，我们不仅有一对婴儿需要照顾，有一个 7 岁的女儿在家上网课，还有两个公司需要经营。家里一下子乱了套：意大利面从煮锅中"喷涌而出"，孩子的便盆下"尿流如溪"，场面极其混乱。有人提议在居家隔离的时候读一读《战争与和平》，但我们家是真真切切地上演着战争与和平，哪里还有闲心读书呢？

对很多人来说，疫情的封锁放大了各自生活环境中的缺陷（对我而言，没有一个正经的花园是我家致命的缺憾）。所以，防疫政策放松之后，地产市场直接崩盘也就不稀奇了。另外，还有的人对家有了新的理解，包括我的商业伙伴阿尔伯特。他这样写道：

居家隔离期间，我们终于有了时间和精力好好体验一下家庭生活。我们感受到的不是家里的瑕疵，而是日常的小幸运。比如阳光透过树木，将晚霞洒落在墙上，或是我们坐在扶椅上，得以享受前所未有的舒适时光。外面的世界渐渐远去，周遭不再嘈杂，无须争抢，也不再有过多的奢望，享受你当下拥有的一切便足矣。动荡时期的家，好比汹涌海面上的救生船，当你环顾整个家，就会发现家是那么美好，也许还会发现自己以前在家缺少了一双发现美的眼睛。巨大的龟背竹本是生长在墨西哥热带雨林的植物，之前一直挤在我家客厅的角落，现在它终于换上了更适宜生长的大花盆。我们终于有时间一一擦净沾满尘土的窗户，清理堆满过期文件和旧衣服的柜子，就算它没被清理掉，至少也能让我们肯定一下它的"忍辱负重"。墙上挂着的那些我一直不喜欢的照片，也终于可以"光荣下岗"了。

　　新冠肺炎疫情虽然对我们每个人的影响不同，但有一点是可以确定的：疫情改变了人们的工作方式。几乎所有人在家的时间都比以前更多了，对家的要求也更高了。美国未来学大师阿尔文·托夫勒（Alvin Toffler）早在 1980 年就预见了这种情况。他说道：

　　　　我相信，家将在人类文明中承担起意想不到的重要角色。生产消费者的兴起，电子化住宅的普及，全新商业组织架构的诞生，生产的自动化和去大众化，都让"家"摇身一变，成为未来社会的核心。并且，这个"核心"的经济、医疗、教育和社会功能也将不断凸显。

　　在这个充满不确定性的时代，家是庇护所，是休养生息的地方。在这里，我们可以真正地做自己。除了家人和朋友，我认为房子是我们生活中最重要的东西。英国环境心理学家莉莉·伯恩海默（Lily Bernheimer）相信：

人和房子之间的情感联结可以像人与人之间的一样坚固。家的环境是影响我们个性形成的重要因素，甚至可以说是我们自身的一部分。

作为杂志记者和创业者，过去 20 年间，我都在深入探访每座住宅，探索人们家里的各个角落，走进每一间食品储藏室，聆听房子背后的故事。我想要了解房主是如何生活的，他们在生活中会用到哪些物品，我更想听他们讲述各自的故事，什么能使他们感到快乐。对我来说，这是莫大的荣幸，我从中获益良多。每一栋房子都有属于自己的故事，我也想帮助正在读本书的你，书写关于你的故事。

Space
空间

"我喜欢废墟。废墟虽不能呈现完整的设计，
　　却保留了建筑背后清晰的思路、
　　可视的结构以及它所蕴含的精神。"

安藤忠雄
Tadao Ando

瞭望与庇护

如果智人想在非洲大草原用石头逼退鬣狗，他们需要借助自然地势：在山丘上选择一处有利位置，从这里眺望远方，评估抛石头的风险和时机，同时还要选择洞穴或树丛来隐藏自己。1975年，英国地理学家杰伊·艾普尔顿（Jay Appleton）提出瞭望—庇护理论，认为人类在日常生活中都在本能地寻找既能观察（瞭望），又能隐蔽（庇护）自己的环境。这种本能曾推动了人类的进化，因而对人类来说，具备瞭望和庇护功能的环境最让人感到舒适。也就是说，家只有兼备这两种功能时，才能给我们足够的安全感。

芬兰建筑大师阿尔瓦·阿尔托（Alvar Aalto）对这个理论的理解最为深入。他设计的建筑内部空间变化丰富，错位与层次变化随处可见，给空间使用者提供了非凡的居住体验。有趣的是，阿尔托的设计总是"费力不讨好"，外行人并不理解他为何要如此大费周章地设计那些不太好看的建筑。其实，他的建筑本来就不是单纯为了好看而设计的，而是意在提供一种多感官体验。你只有去实地走一走，感受建筑内部空间氛围的变化，才能真正明白阿尔托建筑的设计理念。在我看来，每个房屋设计从业者都应该去阿尔托在芬兰赫尔辛基的工作室逛一逛。工作室的核心空间有一面带玻璃窗的弧形墙，窗外是一个古罗马圆形剧场式的庭院，员工们可以在这里开会、作报告、听演讲；室内的植物沿着墙壁向上伸展，蔓延至室内一角的挑台旁，挑台上放着阿尔托设计的各式各样的灯具模型；工作室的二层是画室，细长的柱子支撑起画室陡峭的坡状屋顶，自然光可以透过高窗洒落在室内的办公桌上。

科学研究表明，空间结构单一的环境会令人感到压抑，比如监狱和医院的设计就过于单调，少了些人情味。环境心理学家莉莉·伯恩海默解释道："空间结构太过简单会对人的身心产生负面影响，人们会因为不知身处何处、不知如何应对当前环境而感到惊慌失措，这种感受类似于神经生理学意义上的崩溃。"人们通常认为教堂的结构很简单，只是一个单一的大空间。实际上，教堂的结构极为复杂，空间布局分区明确，比如准确地划分出圣坛、中殿、耳堂等。对于维克多·雨果（Victor Hugo）笔下的钟楼怪人卡西莫多而言，教堂是他的：

空间
Space

窝、他的家，是他的祖国乃至宇宙……甚至可以说，他以它为形状，正如蜗牛以其壳为形状。这是他的家，他的洞穴，他的封套……他就像乌龟依附于龟壳一般，依附着教堂。

空间环境越是多变，人们越是受到感官和神经的刺激，这种关系会越来越明显。比如在大小不同的房间里，声音的传播效果也不同。在屋顶较高、面积较大的空间里，人耳听到的说话声和脚步声会比实际显得更遥远，小房间正好相反。所以，想要组织一次能容纳一百名客人的聚会，和想要进行一次和伙伴们的亲密交谈所需要的空间条件是不一样的。这也是四帷柱床能营造出浪漫氛围的原因，它的顶罩和帷幔都能制造出听觉上的亲密感。味觉也是如此，在密闭的空间品尝出的味道更为浓郁，在开放的空间则相对寡淡。因此，如果你想要在家里营造出不同的感官体验，需要设计不同的天花板高度。

在《空间的诗学》（*The Poetics of Space*）一书中，法国哲学家加斯东·巴什拉（Gaston Bachelard）强调，结构复杂的家居空间可以让人的思绪自由发散：

如果家宅的结构稍微繁复一些，比如设有地窖和阁楼、转角和走廊，我们回忆的藏身之处就会被更好地刻画出来。终其一生，我们都会回到梦开始的地方。

让我先暂时回归房屋中介的身份来谈一谈。在房地产市场里，能体现瞭望—庇护理论的房子都会异常受欢迎，这些房子的价格远高于市场价。据房地产市场分析公司Dataloft 的调研，伦敦霍克斯顿广场一个顶层公寓的售价比当地均价高出 40% 以上。这个公寓几乎是全开放式的，南面是大落地窗，可以俯瞰广场的绿茵，还能眺望闪亮的伦敦天际线。房间一角放置了一张约 2.1 米见方的木板床，在深夜里为疲惫的都市人提供一个能够恢复元气的小窝。

最后一个例子是亨宁·施图梅尔（Henning Stummel）在伦敦卡姆登镇设计的建筑。

这栋房子原本是一座家具仓房，前面接了一个维多利亚式的露台。建筑核心区域是一个高耸的社交空间，体量类似19世纪的工厂；一个钢架屋顶之下，划分出厨房、客厅、餐厅和工作室等区域；休息区位于建筑后方，隐蔽在胶合板箱里，来访者需要通过一扇隐形转门方可到达。

相伴的空间

在第一次世界大战的废墟上绽放的，除了弗兰德斯战场上盛开的血红色罂粟花 [1]，还有百花齐放的建筑潮流。勒·柯布西耶是瑞士一位狂飙激进的建筑大师，他经常戴着经典的黑色圆框眼镜，喜欢赤身裸体地进行创作。他提出了一种新的模块化建筑概念，运用这种概念能够更加快速而高效地建造房屋。这种房屋由三块混凝土楼板，同细柱及楼梯联立而成，没有设置任何支撑梁和承重墙。柯布西耶称这种建筑为多米诺住宅（Maison Dom-Ino），但人们往往只注意到它简单的结构，而忽视了它的深远影响。

柯布西耶和同时期的现代主义建筑大师们对钢筋混凝土性能的探索彻底且永久地改变了人们的居住方式。第一次世界大战后，人们不再像以前那样依靠佣人的服侍，开始追求个体平等的家庭生活以及社会观念与身体的解放。大规模改造大型废旧工厂、学校和谷仓的做法风行一时，直到现在，现代住宅的标志性特征依旧是开放的横向空间。原因很简单，人类是天生的社交动物，喜欢拥有一个大家可以相伴的空间。

无论房子是大还是小、是横向的还是纵向的，都需要一个可供大家聚集的空间，一个永远充满欢乐、喧闹和热情的空间。既然人们有这样的诉求，那么，房子的天花板得足够高，空间得足够开阔，采光得足够充足，窗户得足够多。更重要的是，它要给人一种敞亮大方的感觉。

想要让房子更加宽敞，最简单的方式就是打通厨房和起居的空间。许多年前，我们卖掉了特雷利克塔（Trellick Tower）的一间公寓。这栋阴森的大楼位于伦敦，是艾尔诺·戈德芬格（Ernö Goldfinger）设计的一栋野兽派风格的集体住宅。公寓的新主人杰拉德·麦卡塔姆尼（Gerard McAtamney）和安德烈斯·帕琼－莱特（Andres Pajon-Leite）在重新装修之前，在原有配置的公寓中居住了一年。这种做法非常明智，他们首先深度评估了原有的及期望的居住模式，再来修整空间布局。如果条件允许，我建议所有购入

---

[1] 此处引用《在弗兰德斯战场》。该诗由加拿大军医约翰·麦克雷（John McCrae）于 1915 年创作，是第一次世界大战期间最重要的诗作之一。弗兰德斯战场的红罂粟花后来成为一些国家的国殇纪念日的佩花。——译者注

新房的人都这么做。从他们最终的改装方案中，我们可以看到现代人的生活方式：

> 我们每天 80% 的时间都在厨房和餐桌前度过，很少待在客厅，书房更是
> 个摆设！所以，我们决定把厨房和客厅打通。

对于新一代的都市人来说，白天需要做的事情基本都可以在同一个房间里完成。随着科技快速迭代，现代住宅承担起更加重要的角色，成为将工作、休息、娱乐融为一体的多功能空间。现在，最受欢迎的家居设计是在房子中间放置一张桌子：白天可以用它放电脑，晚上可以在它的中央摆上烛台增加仪式感，这样一来，这张桌子就成了正式的宴客场所。人们不再渴望单独的用餐空间，而是会选择更随性的方式和朋友聚会，比如让朋友一起帮忙打打下手，比如给蔬菜去皮。

下厨也是人们在现代生活中的主要娱乐方式之一。在某种程度上，做饭是一种交互式的戏剧表演，从主人穿上布围裙开门迎客起，表演就正式开始了。对于不怎么做饭的英国人，尤其是英国男人来说，杰米·奥利弗（Jamie Oliver）在电视荧幕前为朋友分羊肉的形象，激发了一大批观众当众做饭的热情，要是他能为大家再表演使用明火在羊肉上喷烤红辣椒，并且在周围撒点马尔登海盐就更棒了。节目里，这位"原味主厨"（The Naked Chef）① 在烟雾缭绕的厨房里做饭的经典画面，拍摄于他在伦敦市中心的家，那里有开放式厨房、大大的餐桌和旋转楼梯。

在这个人际关系越来越疏远的社会里，一起用餐是建立长久人际关系的一种方式。塞缪尔·克拉克（Samuel Clark）和萨曼莎·克拉克（Samantha Clark）夫妇创立了颇受喜爱的摩洛餐厅（Moro Restaurant）。在他们的家里，厨房是日常生活的中心，是和朋友聚会，一起享受美食盛宴的地方。他们说：

---

① 杰米·奥利弗是英国知名厨师。"原味主厨"是他更为人熟知的称号，也是一款同名电视节目，每集选取一个社交主题制作菜肴，风格轻快。——译者注

我们在厨房里最美好的回忆就是用自家菜地里收获的果蔬来给大家做好吃的。我们还在花园里种了一棵杏树和一棵无花果树。我们喜欢用初夏的绿杏子和无花果做沙拉，或者在无花果还青绿的时候摘下，把它们像做西葫芦那样烹煮。我们还喜欢用无花果叶和葡萄叶包着沙丁鱼烧烤，用葡萄藤蔓做沙拉，用青葡萄汁做酱料，或者在做意式焗饭和煮米饭时放点洋蓟叶。现采现做，煮一些独一无二的菜肴，给大家带去前所未有的味觉体验，对我们来说是奢侈而幸福的事。

英国厨师吉尔·梅勒（Gill Meller）和妻子爱丽丝·梅勒（Alice Meller）住在英格兰德文郡，在他们家里可以直接眺望大海。夫妻二人经常会请朋友到家里，围着一张十人大桌吃饭。吉尔说：

这张桌子是爸爸特地给我们制作的暖房礼物，每个坐在这里吃饭的人都会在桌子底下留言。搬到这里七年多，这张桌子承载了许多美好的回忆：有真诚的感言、有感谢、有笑话，当然还有脏话。它就是客人的留言簿，大家可以来这里吃饭，然后用文字留下回忆。我特别喜欢这个形式，它帮助我们记录下了很多美好的瞬间。

对于父母来说，厨房的餐桌常常会成为孩子们的创意画布。家人们可以在桌子上玩游戏、做泥塑、写作业、用餐，有时几种活动还会同时进行。我的朋友蒂姆·斯威夫特（Tim Swift）和埃米莉·斯威夫特（Emily Swift）夫妇会用牛皮纸当作临时桌布，每周一铺在桌子上，让儿子们随意创作。等到周日，桌布上布满了凌乱的涂鸦和污渍，就好像杰克逊·波洛克（Jackson Pollock）[1] 走进了油画棒工厂一样。

---

[1] 杰克逊·波洛克是抽象表现主义流派中极具影响力的美国艺术家，以其独特的风格和技法以及震撼的视觉效果著称。——译者注

不过，以往的厨房并不是这样的。19世纪，越来越多的中产家庭雇起了用人，因此，厨房和用餐区被刻意分割开来。有单独餐厅的家庭在当时更显尊贵，主人和宾客可以远离厨房里叮叮当当的忙碌声，也可以远离厨子做鹬鸟肉冻时散发出的刺鼻难闻的味道。随着时间的推移，虽说用人越来越少见，但这种厨房与餐厅分隔的布局却被保留下来。所以，在家里做饭的人常常要独自一人在厨房里忙活。

当厨房逐渐成为家庭日常活动的主要场所，以往的室内格局就不再实用了。最终，许多维多利亚式房屋都被重新改装成更适合现代生活的布局。如果你要问伦敦一直以来最受追捧的房屋类型是什么，答案一定是扩建过的传统排屋。这些年，我们卖出上百套这类风格的房屋，它们形状不一，外层材质不同，有的用木材包覆，有的用石板包覆。如果你想要有一个足够满足所有生活需求的宽敞空间，最简单的方法就是在房子后方扩建一部分空间。

不过，最成功的扩建还是那些形态别致的空间设计，和家里的其他区域有不一样感觉。比如英国房屋中常有的侧回廊，它本来是房屋底层多余的一条走廊，最初是为了储存煤炭和通往室外卫生间而设计的。把侧回廊纳入扩建区域，就可以开辟出一片更宽敞的新区域，还可以最大程度地利用整块土地。大多数扩建空间都能放下一张大餐桌，可能还够放个沙发，这样一来，主人准备餐食的时候，客人就可以在这里休息。如果你想扩建一个单层空间，可以从不同方位增强屋内的日照，包括通过屋顶，或者打造一个通向花园的过渡带，模糊室内与室外的边界感。并且，小型扩建在英国有时属于默许开发的范围，无须申请施工许可。

英国科学家凯蒂·戴维森（Katy Davison）请建筑师西蒙·阿斯特里奇（Simon Astridge）一起扩建了位于伊斯灵顿的一栋维多利亚式别墅。这次改造改变了她的家庭生活：

> 这栋房子的侧回廊连着一条死过道。于是，我们决定扩建，打通所有房间，移走所有的墙和门，只有楼梯"幸存"下来！西蒙想到用圆形窗户装点。房子后面很容易被忽视，我们觉得有个大的玻璃扩建部分会太像一个鱼

空间
Space

缸，所以我们选择圆形的窗户来营造一种私密感，这样，我们就可以看到窗外，但外面不太能看到里面。我非常爱我的家。每次回家，当我打开门走进去，都会觉得特别温馨，一种莫名的安全感与归属感油然而生。

在房地产市场了解房型时，你可以重点关注排屋尽头的房子和一侧带有大院子的半独栋式房子，也可以特别留意将附加车库纳入核心起居空间的房子。总而言之，只要房子有多余的可利用面积，能够扩建出一个聚会空间，千万不要错过。我见过最失败的改造是在房子后院扩建一个全玻璃的洗衣房。房主认为这样做能在帮孩子叠校服的同时，欣赏花园的美景，但我认为这反而是一种空间的浪费，破坏了一个可以让家人和朋友聚会的一体化空间。

空间
Space

加大空间体量

给房子估价是一门精妙的艺术，尤其是当这套房子和周围的房子完全不一样的时候。估价首先要考虑的当然是房子室内的总建筑面积，像 Zoopla 这类网站会在房屋出售条目上标注每平方米的价格，但这只是众多衡量方法中非常简单的一种。评估一套房子真正的价值要综合考量多种因素，包括采光效果、材质、内部设计等。我在"引言"中讲述参观豪斯登的房子时就提到过室内设计方面的内容。不过，在这些附加因素中，大家最容易忽略的可能就是"体量"了。

挑高天花板是建筑师们带给房子的最好礼物。不过，因为这样的设计需要消耗更多的建材，施工价格也随之变高，还会占用别处的面积。除了把房子每平方米的价格抬得更高，看似没什么别的好处。其实，没有人喜欢住在窄小、局促且毫无变化的空间里。居住者对房子的要求随着时代发展在不断发生变化，可许多房地产开发商却没意识到这种变化。

几年前，我们卖掉了亲戚托马斯的一处公寓。这处公寓的面积不到 50 平方米，并且只有一扇窗。那间不知道算不算得上卧室的卧室，仅是在夹楼处放了张床垫，支了个帘子而已。不过，它是从一个学校运动馆改造而来的，所以，客厅的体量要比其他房子的大一倍。加上公寓内铺着木地板，还装了书柜墙，因此，虽说它整体面积不大，还是以高价被抢购了。

好在有些明智的开发商深知体量的重要性。罗杰·佐格洛维奇（Roger Zogolovitch）就是一名有创见的建筑师。这位喜欢戴领巾的建筑师创立了 Solidspace 公司，该公司擅长在传统排屋中运用错层来构建开放式的空间。这种错层隔间将用餐区、生活区和工作区等主要的社交空间交错安排在互相连接的各个楼层，既能让住户有彼此陪伴的感觉，又能保护其各自的隐私。虽然这样做会让房屋的整体面积变小，但最终天花板会高出许多，让各个区域采光更充足，并减少像走廊这样的空间的浪费。

英国设计公司 Tomorrow PR 的创始人尼尔·伯恩（Neil Byrne）和时尚设计师尤登·崔（Eudon Choi）购买了 Solidspace 公司在伦敦东部的肖尔迪奇区开发的一套新公

寓。伯恩说：

> 人们通常期望房间能远离中央走廊，因为走廊的尽头是厨房。但是，我家的布局则完全不一样。这套公寓的新奇之处是它分布在五层楼中：从结构上看，房间彼此堆叠，楼梯成了走廊，这就意味着即使在阴天，房子里的光线也很充足。

这种设计理念归功于现代建筑运动以及奥地利建筑师阿道夫·路斯（Adolf Loos）提出的"空间体积规划"（Raumplan）思想。如果说柯布西耶设计的萨伏伊别墅（Villa Savoye）凸显了横向的流动空间，那么，与路斯同时期的米勒别墅（Villa Müller）则展现了纵向的空间规划。米勒别墅是将不同房间互相堆积至不同的水平层，并用短楼梯连接起来的一种建筑。路斯解释道：

> 我的建筑绝不是从平面图中设计出来的，而是从空间规划中获得的灵感。我不设计楼层平面图，不设计外立面，也不设计横截面图，我设计的是空间。对我来说，没有底层楼或顶层楼那些概念，有的只是互相连接的空间序列，是房间，是厅堂，是露台。

路斯认为，房间的层高应该根据区域功能有所区别。当代研究显示，空间的体量可以影响人的心智。市场营销学者琼·迈耶斯－利维（Joan Meyers-Levy）和朱睿曾找来两组实验参与者，将他们分别安排在只有层高不同的两个房间当中，一间层高约 2.4 米，另一间层高约 3 米。通过一系列的实验，两位学者评估了参与者心理上的自由度。居住在层高较高房间里的参与者会更具创意，抽象思维更发达；而居住在层高较低房间里的参与者的思维则受到了限制。

欧辛·瓦塔尼安（Oshin Vartanian）曾在《环境心理学杂志》（*Journal of Environmental Psychology*）发表过他主导的一项研究。研究人员给志愿者分别浏览了两百张不同房间的照片，要求他们评价每一间房间到底是"好看"还是"不好看"。我们很容易猜到，志愿者在作出判断时更喜欢把层高较高的房间列入"好看"的行列。更有趣的是，研究者进行了进一步研究，用一台功能性磁共振成像扫描仪同步观测志愿者的脑部活动。当志愿者看到层高较高的房间图片时，他们的左侧楔前叶和左脑额中回这两个与视觉空间有关的区域会进入高度活跃状态。如此看来，开阔的房间能够唤起人们观察周围环境的原始欲望。

如果你住在公寓大楼的高层或者一个有斜屋顶的房子，特别推荐你试着开个天窗，让你一眼就可以望到天空。有时，把房子原本的木构架保留下来也不错。尽量不要用假平顶，避免造成不必要的空间浪费。在后面"光"这一章中我也会提到，比起那种暴露皮肤问题的聚光灯，壁灯是更好的选择。另外，别放过任何一处可以增大房间体量的地方。我认识一位艺术家，他有一个维多利亚时期的细木匠工作室，他打掉了顶楼一半的天花板，建造了一个采光特别充足的会客厅；另一半天花板则维持原样，划分出一个卧室，用一组节省空间的左右踏步式错层楼梯连接。

实话实说，我参观新房子的时候偶尔会想：这间房也太高了，大得不切实际。家应该有家的样子，而不是像飞机库一样空旷的整个室内空间。美国夫妻档设计师查尔斯·埃姆斯（Charles Eames）和蕾·埃姆斯（Ray Eames）当年设计的第8号案例住宅（Case Study House No. 8）[①]就颇有这种感觉。这座赫赫有名的建筑位于洛杉矶的帕西菲克帕利塞兹地区一处树木繁盛的悬崖上，它就像是树间的一座彩色棚屋，有双层通高的开阔设计，宽敞的空间永远不会让人感到压抑。这座建筑能够给人这样的感受，一方面是因为客厅有两种层高，另一方面是室内布局设计使然。比如长长的吊灯从天花板上垂落下来，茂密的盆栽充盈着整个空间，高高的书柜上立着的梯子直逼房顶，将地板和天花板连接起来，每一处都让人产生空间的开阔感。

大多数人在大型商场、超市这类宽阔空间里都曾感到过混乱，坐扶梯时要紧紧抓

---

① 第8号案例住宅又称埃姆斯住宅。美国《艺术与建筑》（*Arts & Architecture*）杂志的一位编辑曾发起一个名为"个案研究住宅"的活动，埃姆斯住宅是该活动中最为出名的一件作品。——译者注

住扶手，努力站稳，克服那种晕头转向的感觉。反光的地面和坚硬的物体表面只会徒增人们的失措感，嘈杂的声音如同果酱罐里跳来跳去的蚱蜢一样，令人焦躁不安。大型公共场所很少考虑使用者的感官需求，所以，在设计个人住宅时，我们要避免这种错误。无论是早期定居者居住的洞穴和草屋，还是因纽特人居住的冰屋，都一定程度考虑了人类的感官体验。但在当今时代，人们只是一味地追求建造更气派的建筑，而忽视使用者的感受，这样的思路无疑是有问题的。

养息之所

前段时间，我们正在一条乡间小道上散步，大女儿因迪戈忽然看到了什么东西，然后她就将身子探进凌乱的树篱，从里面捧出了一个废弃的鹪鹩巢。她一下子就沉醉在自己的发现中，回家后立刻从花园里就地取材，开始做起了鸟巢。她搜集了一捆细枝和一堆青苔，认认真真地把它们巧妙地拢成鸟巢的形状。现在，两个鸟巢都放在厨房餐桌最显眼的位置，孩子们在里面放了许多从野外搜集来的宝贝，有花瓣、蜗牛壳和一些被丢弃的亮晶晶的小物件。

巢，是一个很奇妙的东西。它是人类本能的物化象征，是所有人的归宿，我们都想要窝在里面好好休息一番。凡·高就常把散步途中看到或从当地小孩子手中要来的鸟巢画下来。他笔下的鸟巢颜色柔和，时而带着几枝突出的枝条，给人一种强烈的忧郁感，仿佛在通过鸟巢追寻婴儿摇篮里的那种天真。他那幅《凡·高在阿尔勒的卧室》也很有名，画里的卧室面积不大，室内摆放着木质家具。他说："我只用了简约的素色，就像可丽饼的颜色一样。"

凡·高这幅画想表达的是一种"憩息"，一种"梦"和一种"绝对的安宁"。的确，只有画中这样的小空间才能激起人类最原始的安全感和满足感，就像一只獾钻回洞穴或一只田鼠躲回洞里一样。在家里，孩子们也会本能地打造出自己的"小巢"。建筑历史学家约翰·萨默森（John Summerson）发现他的孩子们常会爬到家具底下，或者随手搭建一个小窝，宣称那是他们的"秘密基地"。几乎每个孩子都这么玩儿过，孩子们常爬到桌子底下，是因为这让他们有掌控感。成年人也是如此，在进行公开演讲或类似让人紧张的事情之前，我们常会告诉自己深呼吸，尽力伸展双臂放松。

我们也应该从大自然中、从孩子身上寻找灵感，建立属于自己的治愈小窝。在体量小的室内空间里，噪声会变小，就像暴风雪过后的森林那般静谧，人们会因而感到舒适。这种环境非常适合从事安静的活动，比如冥想、思考或者睡觉。私人住宅不像教堂那种神圣的公众空间，所以，天花板应该低一些，自然光不用那么多，光线柔和即可，但隔音效果要好。

空间
Space

打造完美之家
A Modern Way to Live

在现代住宅中，如果生活区代表着瞭望—庇护理论中的"瞭望"，那么，代表"庇护"的就是休息区了。如果空间允许，休息区和其余生活空间应该分割开。在新家的设计中，一般会把卧室放在房子单独的一侧，这样，走进房间前，需要先走过一个过渡区，将一天的心理包袱都卸在卧室门外。不过，尽管卧室本来就应该作为人们重要的庇护所，但它承担的功能却不能超过公共空间。

我和费伊买的第一栋房子的卧室特别小，一张床就占据了大部分的活动空间。装修工人还坚持把线路藏进踢脚板里，所以，整个踢脚板都凸了出来，显得卧室更小了。记得有一次，一位朋友带着小儿子来家里喝茶，孩子天真地问道："为什么你睡在一个柜子里呀？"这是因为当时我们没有衣物收纳空间，才买了一个气动储物床。最惨的是，我们把床侧着搬进卧室的时候，床板一下子弹了出来，整张床卡在了门框里。费伊被困在卧室里出不来，而我被堵在走廊不知所措。最后，我们不得不把门的垭口拆下来，才终于把床搬了进去。虽然过程令人尴尬，但这间卧室确实是我们最喜欢的，它将我们紧紧包裹，让我们得以在其中安心沉睡。

摩温·瑞梅尔（Morgwn Rimel）是生活学校教育公司（School of Life）的创意总监和前任主管。她的公司和韦斯特建筑公司（West Architecture）一起，改造了北伦敦一处循道会教堂，打造出了一个属于自己的安适港湾。高耸的客厅和蚕茧般的卧室相辅相成，墙壁、地板、门和框缘全部采用桦木和云杉胶合板，平板衣柜配上不透明玻璃，为房间增添一份纯粹的宁静之感。她说：

> 我是美国人，曾经游历世界各地，从东京到蒙特利尔都有我的足迹。在搬到伦敦之前，我住在悉尼一个现代主义风格的住宅区里，那里房屋维护得不太好。在澳大利亚，我一直想去海边待着，所以，无论家能不能称得上是庇护所，对我而言都无所谓。但在伦敦，情况就不一样了。这里的生活令人疲惫，天气寒冷又阴沉，有一个庇护所是非常重要的。我是一个特别内向的人，虽然在城市中生活能感受到跨领域知识碰撞的振奋感，能发掘出新点子，我也很喜欢这种感觉，但城市生活也很让人疲倦。能够回到一个给自己充电

的庇护所，找到一个能让自己思考的空间，是一种幸运，也特别有必要。

褴褓可以包裹住婴儿的四肢，不让他乱动。同理，一间小小的卧室也可以给成年人一种回到妈妈肚子里的安全感。我一直觉得奇怪，酒店房间的价格为什么通常与它的大小有关。要我说，去酒店就订最小的房间，不仅价格便宜，而且睡眠体验也最好。如果房间在屋顶阁楼上就更好了，因为那里的层高通常较低，你也不会大早上被楼上做波比跳的人吵醒。

其实，浴室也算得上是一个庇护所。带浴室的卧室通常更受欢迎，因为更加私密。马克·吐温说过："人类是唯一会脸红的动物。"这种羞耻感和出于本能的对私密性的需求是人类的特质。在家里，我有一个属于自己的卫生间，占地不大，里面只有一个马桶和一个不占地方的洗手池。卫生间装了一扇隐门，墙壁喷涂了亮黑漆，让空间显得更隐蔽一些。我就是想让任何人都无法发现这里有一个卫生间。

已故的英国建筑师理查德·帕克斯顿（Richard Paxton）和他的妻子海迪·洛克（Heidi Locher）在每栋房子里都会设计各自的浴室。如果空间足够大，这种做法的确是一种保持家庭和谐的好办法。我认识的另外一对夫妻，每个人有一个属于自己的卧室，卧室内有一条通向中间共享浴室的通道，这样，他们进进出出时不会打扰到对方。毕竟，人们早起已经很艰难了，为什么还要为了争抢卫生间让彼此更难受呢？美国导演蒂姆·波顿（Tim Burton）和身为演员的妻子海伦娜·伯翰·卡特（Helena Bonham Carter）在追求个人空间上更是达到了极致，他们住在伦敦贝尔塞斯公园（ Belsize Park）的一处连体房里，两个人各自享有一栋房子。

有人请我估算过一栋维多利亚式排屋的价格，这栋房子里的卫生间没有门，客户还把一楼的整个空间，包括主卧、卫生间和书房，打通成一个大通间。当地的一家中介机构把它挂了牌，但不知道为什么一直卖不出去。我只能委婉地和他解释说，大多数人是需要一些私密感的。

有一种类型的房子卖得就比较好。我们曾卖掉过伦敦东部的一栋房子，它最大的卖点就是拥有独特的卫浴空间。这栋房子有一个步入式淋浴间，浴缸旁安着可以俯瞰花园的水平条窗，并采用了全玻璃式屋顶。房间一角有一个吊床，可以横挂在房间里，供白天午休，或晚上看星星；另一角摆放着瑜伽垫，房主可以在糙面原木地板上铺开瑜伽垫，尽情享受运动的快乐。

隔断式设计

假如，理想的室内设计应该既能振奋人们的精神又能滋养人们的身体，那么，在面积较小的住宅里，该怎样实现这一点呢？答案就是增强空间的灵活性。近些年来，设计师们的观念逐渐从开放式布局转向一种包容性和适应性更强的隔断式设计。

隔断式空间设计是利用隔断和高度差，在家中分隔出各具特色的空间。想一想，你对室内的居住环境有什么需求？我希望家是一个娱乐减压场所、一处避世之地、一间旅馆、一个办公室、一块创意画板，而且家还应该展现个人特色。正因如此，家的空间更需要有灵活性，能够根据人们日常生活的节奏适时改变。

荷兰建筑师赫里特·里特费尔德（Gerrit Rietveld）可谓弹性家装设计的鼻祖。1924 年，特鲁斯·施罗德·施雷德（Truus Schröder-Schräder）女士想要在荷兰的乌得勒支为她和她的三个孩子打造一个"没有墙"的房子，便委托里特费尔德设计，这才有了后来的里特费尔德之家（Rietveld Schröder House）。建筑师和委托人都力求在设计中避免世俗的等级观念和局限，转而追求一种情感上的开放与包容。最终，这栋房子的室内设计颇具动感和流动性，一系列旋转门板可以变换室内格局，提供无数种空间改造的可能。而对里特费尔德影响较大的是皮特·蒙德里安（Piet Mondrian）的抽象画作。蒙德里安是风格派艺术运动的代表人物，喜欢利用极简的平面和三原色绘制不对称图形。里特费尔德之家就体现了这种风格，它的外观像一幅动态的拼贴画，门板好像都可以任意交错滑动。

从现代主义建筑浪潮初期开始，设计师们就将这种弹性空间运用在较小的城市公寓之中。1936 年，我的"胡子爷爷"在斯特里特姆建造了一栋名为铂尔曼公寓（Pullman Court）的住宅，那栋公寓就像一艘刷了灰泥的远洋巨轮，将欧洲现代主义风潮带到了当时的英国。公寓里安着核桃木的滑动隔断，白天将它拉开之后，居住者可以尽情享受室内空间，晚上把它关上还可以营造亲密的氛围。爷爷设计这栋公寓时才 23 岁，家里人纷纷慨叹自愧不如。那时，爷爷结识了一位女孩儿，巧的是，这位女孩儿是一个地产大亨的秘书，爷爷因而有了设计这栋公寓的机会。

铂尔曼公寓的设计大获成功后，爷爷又受邀设计了伦敦的许多公寓楼，比如位于锡德纳姆的花园公寓（Park Court），位于绍斯盖特的埃灵顿公寓（Ellington Court）和位于哈克尼区的萨默福德建筑群（Somerford Estate）。就这样，人们后来称爷爷为"公寓建筑师"。爷爷还和他的朋友弗朗西斯·雷金纳德·史蒂文斯·约克（F.R.S.Yorke）共同撰写了《现代公寓》（*The Modern Flat*）一书，该书至今仍是相关领域的代表作之一。书中写道："我们认为，英国的住房问题不是简单地在全国各地准备数百万个小村舍就可以解决的。"

伦敦城的巴比肯建筑群（Barbican Estate）由钱伯林、鲍威尔和邦建筑公司（Chamberlin, Powell & Bon）于20世纪60年代到80年代间设计而成，它是室内弹性设计一次更大规模的实践。它们格局各异，每种格局都代表着一幅现代生活的蓝图。其中，最受欢迎的是第二十款（Type 20）户型。这种户型有一个L形的会客厅，如果你推上拉门就可以隔出一个房间作为书房，或者用来给借住的朋友当客房。

在设计自己家的时候，你也许可以从现代派建筑师那里找到一些灵感：与其在墙面下功夫，不如考虑一些能灵活变动的隔断。隔断非常实用，有需要时，可以隔出一间客房或者一个工作区，还能很好地保护隐私；不需要时，客厅还能变得更宽敞。推拉门也是如此，不用时可以滑到一边，不占空间；旋转门也别具一格，我个人非常喜欢。安装通高门，或将一些家装做高，即使没什么必要，也可以让人感觉空间体量变大了。

带玻璃的固定隔断同样能起到与活动隔断差不多的效果，因为光线可以透过玻璃投射到另一个空间。我们可以从日式屏风中找找灵感，在一个简单的木制网顶部装一条玻璃，或者可以选择更传统的隔断，类似乔治王时代风格建筑那种雅致的形态，配上木制或钢制的超轻窗户格条。与其打造一个全新的活动隔断，不如省点钱，改造旧窗户：比如用从某个废弃工厂里捡来的克里托尔牌旧窗户或从乡下房子里抢救回来的窗框作隔断。如果需要将两个空间从视觉上隔断开来，就选择比较实用的槽纹玻璃。独立书架也非常适合作隔断，尤其是自带滑轮的那种书架，可以任意移动它。

我们卖过的最精致的一套房子只有45平方米，建在伦敦田野公园一处被改造过的印花厂里。它的建筑者兼设计师本特利·哈根·霍尔（Bentley Hagen Hall）将紧凑的空间利用得极为巧妙。

空间
Space

打造完美之家
A Modern Way to Live

他规划出一个 L 形空间，满足了生活、用餐和工作等所有需求。有需要时，你可以用帘子把小书房隔开，加强空间的界限感。餐桌也可以折叠，朋友来时你可以将它打开使用，其他时候就收好靠墙放着即可。

伦敦 6a 建筑师事务所在伊斯灵顿改造的一个仓库展现了另一种大规模的弹性空间设计。一楼长约 26 米，钢梁网格和异形天花板随着人的移动形成天然隔断——一边是厨房，一边是床和独立浴缸，中间放着一些椅子和一张餐桌，模糊了不同功能区之间的边界。这栋房子是为一位艺术品收藏家设计的，起到分隔各个空间作用的其实是这位收藏家的各类艺术藏品。室内的一侧是一排装有滑轨的玻璃橱窗，里面摆放了博物馆级别的瓷器和玻璃器皿。这些展柜也可以被移到其他地方，形成新的分区，陈列不同的艺术品，就好像一个不断上新的流动展览。书籍同样摆放在滑动书架上，如果你想要找某本大部头的书，便可以滑动书架查找。平时，你可以将它叠在一起，正好节省空间。

Suprblk 建筑设计工作室的创始人迈克尔·帕特曼（Michael Putman）和萨拉·莱斯佩朗斯（Sara L'Espérance）在改造贝思纳尔绿地的一个饼干工厂时，将弹性设计发挥到了极致。他们专门划分出一个区间，让未来的住户根据自身不同情况改变格局，以确保整个设计能够不断让住户获益，从而保持房子的商业价值。这对建筑师夫妇运用许多胶合木板制成家装，比如带直立爬梯的卧榻和位于橱柜上方像老鹰修筑在高处的巢穴一样的书桌等。迈克尔解释道：

　　　　刚开始设计时，我们就在思考，尽管这是属于我们的空间，还是要尽量顾及之后可能在这里生活的人。我们设想了三类房客：第一类是在这里生活和工作的独居者，所以，这里不仅要有工作室，还得像我们一样有可供使用的起居空间；第二类是两个人合住，毕竟这里是伦敦，两个人可以一起分担贷款或房租的压力，所以，我们的用餐区兼会客区可以改造为第二间卧室；第三类是有小孩的年轻家庭，他们可能需要一个育婴房或儿童房，所以，我们把夹层打造成树屋式的空间，还在夹层客房设计了一些好玩儿的元素，比如爬梯。

空间
Space

打造完美之家
A Modern Way to Live

空间
Space

空间的视觉幻象

邓肯·麦克劳德（Duncan McLeod）和林赛·米尔恩·麦克劳德（Lyndsay Milne McLeod）住在西伦敦。他们的家紧挨着一家烤肉店，对面是一家投注站，隔着几户还有一家美甲店。这些商户的店面让他们的家显得有些格格不入，不过也更好辨认了。要是你经常在这条不起眼的大街上走一走，可能会偶遇邓肯，他穿着皮衣，骑着摩托车，像20世纪80年代的电视剧《黑鹰骑士》（*Street Hawk*）里的骑警一样快速地驶过。邓肯说：

> 我出门基本骑摩托车，但不想让贼盯上它，更不想让它闲置生锈。我征询过林赛的意见，问她能不能把车放在家里。她一开始不愿意，后来她说只要放在她看不见的地方就行了。

于是，邓肯突发奇想，在门廊里安装了一个滑动的金属楼梯，不骑摩托车的时候就把它停在楼梯下。他在台阶上铺上了翠绿的阿斯特罗特夫牌人造草皮，还开玩笑地将这装饰比作杂货店的陈列：

> 设计房子很有趣。林赛当时正怀着儿子奥本（Oban），我一直梦想能够设计出一个让孩子终生难忘的房子。记得在我只有五六岁时，我的家在英国伦敦的黑斯廷斯，那时我经常在家玩捉迷藏。有一次，我跑到楼梯底下，推开一扇小门，然后惊奇地发现里面居然是一个巨大的教堂！其实，那栋房子之前是一位牧师的，但我当时年龄太小了，就以为这是魔法。

如果想要增强空间的视觉冲击力，体验超大空间的乐趣，就必须把能利用的角落和缝隙都用作收纳空间。杂乱的环境会让人不由自主地心生焦虑，而整洁、有条理的收纳则会让人感到平和、舒适。

大多数的建筑都会自带一些夹缝角落，这里不用改变房子的基本结构，就能装上无缝橱柜。此外，还可以想想：卧室里有没有地方做嵌入式衣柜？厨房有没有凹槽能装个调味品架？门的上方有没有空间放一些书架？从这些角度构思房子的空间结构，比起到处安置一些独立式家具，能够更高效地利用空间。

基林公寓（Keeling House）是一栋位于伦敦东部的高层公寓，建于 20 世纪 50 年代，由英国建筑大师德尼斯·拉斯登（Denys Lasdun）设计。后来，另一位建筑师布赖恩·赫伦（Brian Heron）改造了公寓顶楼的水箱，展现了他充分利用空间的设计理念。屋内的每个收纳空间是为不同厨具量身打造的，餐盘有单独的狭槽，一排排白色马克杯有单独的挂钩，它们像花样游泳运动员一样整齐地排列着。浴室里放置着一个独立的意大利式方形浴缸，配有一个直杆花洒，可兼用作淋浴间。卧室有一张定制的双层床，用物美价廉的定向刨花板制成。

虽然我对储物床的看法褒贬不一，但不得不承认，它确实特别实用，我们住过的每个家里都至少放置了一张储物床。双人床下的空间非常充裕，可以用来存放平时不用的杂物，比如行李箱和替换的床品等。如果你的衣服特别多的话，可以将它们按季节分类：把当季的衣服放在衣柜里，其余的存放在床下。

想要充分利用厨房的空间并不容易。我和费伊专门请了一家厨房设计公司——朴素英伦（Plain Enlgish）来设计我们家的厨房。尽管如此，我们还是在如何使用厨房空间这个问题上摇摆不定，在装修过程中，厨房的格局一变再变。除非厨房空间特别局促，不然我还是建议尽量避免使用吊柜，因为吊柜会让整个空间看起来更加狭小。上层架子也会成为杂物囤积地，堆满用不着的说明书和小物件。采用开放的隔架反而能让空间更好地"呼吸"，只需定期清理摆放的物品即可。

厨房岛台同样能增加一些储物空间。不过，岛台可能会显得比较"臃肿"，不妨把它设计成一个工作台，以桌腿支撑，下方留有储物空间，这样就可以减轻视觉负担。要想凸显家装的个人特色，就要用收藏的眼光精心挑选家具。与其定制新家具，不如挑选些现成的，比如古董碗柜、屠夫专用砧板、不锈钢独立式厨具等。这种方法特别适合墙面凹凸不平的老房子。

空间
Space

英国大厨马克·希克斯（Mark Hix）在伯蒙德赛的家兼工作室里，打造了一个"非定制"厨房。他从一个20世纪中期建成的办公大楼里，找来一些浇筑混凝土柱子当作厨房操作台的桌腿，还翻新了一个从巴黎古董店买来的生产于19世纪的冰柜。他说：

> 这台冰柜生产于19世纪，最初需要在它的中间层放一个大冰块来维持冷藏温度。我的餐厅里负责制冷的小伙子把它翻新了一下。现在，这个冰柜有了不同分区：包括乳制品区、红酒区、玻璃器皿区和专门放尼克罗尼酒的区域！

如果厨房放不下一台独立式双开门冰箱，可以考虑连着放两台普通冰箱。这么多年，我们在住过的很多地方都是这样操作的，如果地下室空间充裕的话，还会在那里再放一台冰柜。

厨余问题也别忘了提前考虑。要是把一个独立式垃圾桶随便往厨房里一放，很可能会散发臭味，一不小心，垃圾桶还可能绊倒人，把昨晚的剩菜洒得到处都是。因此，在设计厨房时，要考虑到垃圾回收的空间。比如，水槽下方的空间就很适合处理厨余垃圾。

厨房是家里最重要的区域。如果条件允许，洗涤设备最好别放在厨房，毕竟厨房地面常常满是食物碎屑，刚洗好的衣服要是掉在上面，真的会让人崩溃。洗衣机和转筒烘干机发出的噪声和散发的热量都会削弱厨房给人的舒适感。按理说，洗衣服这项家务应该在一个通风良好的独立空间里进行。

现代浴室的设计是一门越来越专业的学问。浴缸、马桶和盥洗池都要单独定制，相互之间也要完美匹配。不过，我更推崇特伦斯·康兰的理念，浴室的设计不用太讲究条理性。和上述"非定制"厨房的思路差不多，在浴室我们也可以放一个独立式浴缸，地上铺一块毯子，墙上装一个旧柜橱，这样就会显得宽敞多了。费伊对那种带长拉绳的传统高水箱马桶情有独钟，但那种马桶的冲力和噪声总是会把孩子吓一大跳。所以，马桶的选择"因家而异"。

此外，还有很多小技巧能造成视错觉，让人误以为空间变大了。墙挂式镜子的效果就特别明显，尤其是将它摆在靠近窗户的位置，因为镜子可以反射自然光，从而达到拓宽视野的效果。在浴室内外采用同样的建筑材料也会给人一种空间被拓宽的错觉。一个典型案例就是建筑师约翰·波森（John Pawson）位于伦敦的家。他家厨房里的水泥台面一直延伸到花园，中间只有一面玻璃墙作为隔断。

造成视错觉的另一种方法是舍弃传统的踢脚板而选择用阴影缝隙的方法来处理：在墙壁和地板交接的地方细致地抹上灰泥。这样做就能营造出一种无缝衔接的视觉效果，让墙面显得更大，从而使房间显得更高。以往，建筑内墙大多用灰泥涂抹，用踢脚板不仅能遮挡处理不当的缝隙，还能防止墙面返潮。而现在，我们有了机械切割的石膏板材、金属护条，还能加装防潮层，脚踢板就渐渐变成了一种装饰。同理，橱柜、衣柜和储物柜最好不要用独立式的，壁挂式的更能节省地面空间，让人感觉房间更大。

想要增强空间的体量感，还可以缩短大厅、走廊、楼梯和楼梯平台之间的空间动线。我们在海格特的老房子是 1963 年由瑞士建筑师沃尔特·西格尔（Walter Segal）设计的。西格尔是一位日理万机的建筑大师，他的雪茄从不离手。他的设计会把平面图里的每一寸地方都用到极致。虽然我们家只有不到 140 平方米，但是给人感觉特别大。这是因为西格尔精心缩短了整体空间动线，使其只占房子总面积的 20%。此外，房子原本足有六间卧室，对中等大小的建筑来说，卧室的数量实在是太多了，因此西格尔为我们进行了调整。

当初建这栋房子的时候，西格尔一家就住在花园的一个小木屋里。这个小木屋就像一辆现代主义建筑风格的静态房车，仅花费 800 英镑，耗时两个星期便完工了。西格尔和他的设计成名之后，人们都称这里为花园里的"小房子"（Little House）。五十多年后，小木屋被拆掉，后来成为一群小狐狸的家。连西格尔自己也没预料到小木屋会备受瞩目，陆续有许多建筑师慕名而来。小木屋采用木质框架以及隔热材料，外加耐气候性的外壳，西格尔在此后的职业道路上也不断将其运用到实践中，这种设计后来成为西格尔系统（Segal Method）的原型。这种建造模式不采用砌砖和浇筑水泥等湿法工艺，转而使用模块化的木质系统，类似日本传统建筑。许多自建者跃跃欲试，纷

空间
Space

纷采用了这种方法，伦敦东南部的一些小公寓就是典型的例子。虽然它们的面积不大，却能营造出一种神秘氛围，让人精神振奋、流连忘返。威廉·莫里斯的平等主义观念和早期现代主义者的观念都深深地影响了西格尔的设计风格。西格尔曾写道：

> 以前的国际风格建筑显然是低调的……它们本应为了提高人们的幸福感而存在。

大约在西格尔建造海格特小屋的同时，建筑师戴维·莱维特（David Levitt）正着手设计一座新房子。房子的名字很特别，叫安斯蒂的李子（Ansty Plum House），它坐落在多塞特郡和威尔特郡交界的一个小乡村里。整座房子建在一个翠绿的山谷中，有一个陡峭的斜坡屋顶，颇有跳台滑雪的惊险感。建筑师桑德拉·科平（Sandra Coppin）通过我们买到了这座房子，成为现在的房主，她不仅为房子带来了新的生机，而且非常能欣赏房子在空间上的"吝啬"：

> 房子的屋顶铺设了一整块道格拉斯冷杉饰面的板材，房子的大小取决于这个屋顶板材和砖石的大小，没有造成一点浪费。作为一名建筑师，这种经济的设计风格让我为之叹服。当今时代，我们对任何事物的追求都是更大、更亮、更开阔，只想着还能多用些什么。而这座房子的设计师反其道而行之，他思考的是怎样安排最少的东西，消耗最少的建材。整座房子具有一种原始感，不装腔作势，让人一下就能领会到它的真诚。

空间规划的一个最重要的因素就是门窗的摆设。门窗位置设计好了，家具摆设自然顺理成章。比如在卧室里，应该单独留出一面墙与床配合。长沙发最好不要摆在窗户旁，不然，不但会影响你欣赏窗外风景的视野，冬日清晨的冷风还可能会吹得你头昏脑涨。如果墙面有足够的位置用作收纳，人们总会在卧室门旁边的狭小空间里塞进一个独立式衣柜。其实，这种做法并不是很妥当，不仅会影响人们的进出，还会让人感觉空间更局促。如果你搬进来时木已成舟，不妨试试改变一下门的开向，让门靠墙开就会有不一样的效果。同理，暖气应该装在窗户下方，这样做既不会占用墙面的位置，又不影响家具的摆放。这么做的另一大好处是可以节能：因为空气对流会让窗外的冷气向内涌去，把暖气散发的热量推向室内。反之，如果把暖气摆在沙发后面，反而会影响热量对流。

出人意料的是，巴洛克风格的宫殿也有一些节省空间的窍门值得学习。巴洛克式建筑经常呈现典型的纵射型布局，一连串房间直线排开，相互连接，一扇扇门也呈直线排列，来人可以直接从一端望向另一端。在 17 世纪，第一间房一般是公共空间，之后是一系列招待厅，最里面是卧房。宾客的身份决定了他能够走进哪个房间。抛去陈旧的等级制度与礼节不说，这种排布方式的确省去了走廊的面积，能最大程度地利用空间。当你走过一个个房间时，还能感受到整个空间的通达。

建筑师劳拉·迪尤·马修斯（Laura Dewe Mathews）在设计伦敦东部哈克尼区的姜饼屋（Gingerbread House）时就运用了这个理念。她使用预制的交错层压木板，将外墙覆盖上一层雪松板瓦。全屋只有 80 平方米，这样的设计将空间动线几乎缩到了最短，达到的效果却是"麻雀虽小，五脏俱全"。和传统巴洛克风格的住宅一样，姜饼屋一楼的房间一个连着一个，厨房直通到客厅，客厅直通到工作室。

空间有限也没关系，采用这种纵射型格局后，呈现的效果就会大不一样。实验室建筑事务所的阿利斯泰尔·兰霍恩（Alistair Langhorne）和克莱尔·邦滕（Claire Bunten）夫妇做了一个勇敢的决定，他们带着两个十几岁的孩子从富勒姆的一个普通住宅搬到了泰晤士河上的一个船房里。船上的生活和地面的生活没什么两样，船里有舒服的沙发和木制墙面。只是船体会不断地摇摆，让人产生长途飞行后的那种眩晕感，就像鞋底装了滑轮一样。夹板下的空间被分为三部分，一边是一个带套厕的成人房，另一边是儿童房，中间是家庭聚集时使用的社交空间。船房的每个部分都有单独的楼梯，当所有门都被打开时，阳光透过黄铜舷窗照射进来，可以一眼望到船的另一头。船里的每一个细小角落都得到了充分利用，比如船头巧妙地隐藏着一间考究的小电视机房，你得先用力打开一扇老旧的房门，然后像跳芭蕾舞一样跃过一张长凳才能到达。

此外，住宅的内部空间也应该按私密程度依次排布，这样就不会让客人感到别扭，还能避免尴尬。要是有人来家里借用卫生间，你一定不希望他误闯进你的房间，看到你昨天乱扔在地上的袜子吧。在秘鲁，人们会为不同房间设置不同程度的私密性，这种观念很常见。20 世纪 70 年代的建筑书籍《建筑模式语言》（*A Pattern Language*）里就详细地阐述过这个例子：

> 普通的邻居或朋友可能永远不会登门拜访。正式的朋友，比如牧师、女儿的男朋友、工作上的伙伴有可能会受邀来家里做客，但通常只在陈设讲究、较为整洁的那部分区域——客厅谈笑风生。亲朋好友可以到家人常聚会的家庭室里话话家常。只有少数亲戚和亲密好友，尤其是女客，才能进入厨房、其他工作间，甚至可能是卧室。如此一来，我们既能保护自己的隐私，又能不失体面。

空间
Space

空间戏剧性

现代住宅的空间设计可以做到处处是惊喜，别具匠心。尽管不同房间大小不一、形状各异，天花板可以设计不同的角度，有平的，也有斜的，就算面积很小的房子同样可以设计出大体量的效果。如前所说，狭小、单一的空间布局会影响人们的幸福体验，因此，能激发人的兴趣的空间设计才是真正好的设计。设计应该追求乱中有序，任何可以营造差异感的做法都值得鼓励。

空间设计从进门第一步就已经开始了。门厅是房子里的一个重要空间，虽然我们平常很少在门厅活动，也不会在那里久留，但它会让人有所期待，产生归属感。门厅是从室外回到家里的过渡空间，是公共领域与私人领域的分界，踏进这个空间后，我们就可以脱掉被尘霾浸染的外衣，换上刚刚洗好的睡衣。

高大而明亮的门厅会让人感到如释重负，让来访者打消陌生感与紧张感。如果家里空间充足，不妨考虑把门厅当作一个辅助房间来设计：放置一把椅子，供人休息，再放一张桌子，摆上一些花。

近几年，在我参观过的新房子里，门厅设计得最成功的要属亚当·理查兹（Adam Richards）设计的位于西萨塞克斯郡的尼瑟赫斯特农舍（Nithurst Farm）了。在那里，门厅是整个农舍里最高的也是最狭窄的地方。亚当介绍道：

> 刚走进这间房子时，光线会突然变暗，让人一下子看不清周围的环境。不过，我们在这里存放了许多木料，能明显闻到木头的味道。门厅是一个高耸的水泥空间，关门时会产生回音，从而唤醒人的听觉。让感官经历这些小变化后，我们再进入房子的核心空间，就会感受到空间尺度的强烈反差。

几年前，我们出售了英国乡村一座乔治王时代风格的教区长住宅。买主激动地说，她一直幻想着在玄关放上一棵闪亮耀眼的圣诞树，现在终于可以实现了。苏格兰纺织品设计师唐娜·威尔逊（Donna Wilson）的家在西伦敦的沃尔瑟姆斯托，她对自己的家有一种浪漫的情愫：

> 踏进房子的那一刻，我便对它一见钟情，就是这么简单！门厅依旧是房子里我最喜欢的地方。能够拥有这样一个空间真是难得的享受！我每天都得花费不少时间清理门厅里的衣服和鞋子，因为我实在不喜欢把东西都往门厅堆。

在《建筑模式语言》一书中，作者引用了 1962 年的一项研究。这项研究探讨了人们参观展览馆、集市和贸易展览会的行为：

> 罗伯特·斯图尔特·韦斯（Robert Stuart Weiss）和小瑟奇·布图尔莱恩（Serge Boutourline Jr）注意到，很多展览馆都留不住观众，人们随着人流进来，不一会儿，又随着人流出去了。但是，有一个展厅，人们走进来时需要经过一条巨大的橙色长绒毛地毯，尽管展览内容并没有比其他的更出色，人们还是在那里停留更久。研究者据此得出结论，人们受到"街道和群体行为"的影响，一般不能气定神闲地去观看展览。但是，踩着这块鲜艳的地毯走进来时，大多数人会感受到一种强烈的对比感，从而打破他们在外界的行为模式，让他们更有可能沉浸在展览中。

此刻，你想冲出门买一条色彩鲜艳的长绒地毯？先别急，定制一块简单的门垫也能达到同样的效果！我们在伦敦的办公室是由 20 世纪 30 年代的一个教会大厅改造而成的，整个门厅之前非常昏暗，毫无特色。后来，我们安装了一扇巨大的漆面大门，把整个入口铺上了椰棕地毯，营造出一种前所未有的隆重感。哪怕家里再小，没有所谓的门厅，也可以通过改变家装材料或设计一种门槛来打造出回家的仪式感。当然，门厅是入口，也是出口，是人们分别的地方，因而理应具备相应的功能，比如有足够宽敞的空间让你能够和客人一一拥抱和道别。

在小型住宅里，如果能一眼望穿整个室内空间，眺望到花园景色，就能让人瞬间产生一种回家的感觉。在后续章节中，我们还会分析怎样才能抓住与大自然接触的宝贵机会。而在户型较大的住宅里，可以精心设计一下从主入口到主娱乐区这段路，借此来提高客人对住宅的期待值。比如把客人要经过的走廊设计得狭长一些，客人走在里面就像一艘帆船在狭窄的支流上航行，最后突然进入一片宽广的水域。

或者，把居住空间藏在门后，当你将大门缓缓打开时，就像是在掀开舞台的幕布，一场好戏即将上演。这种情况，门可以做得大且厚一些，最好让人需要助跑一段才能推开；或者像动画片《史酷比狗》（Scooby-Doo）里的一样，做一扇隐形门，与墙面无缝衔接；再或者开一扇很小的门，像电影《傀儡人生》（Being John Malkovich）里通向约翰·马尔科维奇（John Malkovich）大脑的暗门①一样，人们只能钻进去。

我的建筑师朋友萨莉·麦克勒思（Sally Mackereth）的家位于伦敦国王十字区，是由维多利亚时期的马厩改建而成的。在设计自家住宅时，她就在尺度的设计上花了很多心思。她介绍道：

> 这座房子于 1878 年建成，就在刘易斯·卡罗尔（Lewis Carroll）写成《爱丽丝镜中奇遇记》（Through the Looking-Glass）后不久。虽然我没有特意去模仿，但还是会留下一些《爱丽丝梦游仙境》（Alice in Wonderland）的影子，所有的门都特别大，楼梯又小又窄。我仔细思考了人们进出各个房间的方式：想着可以设置各种门槛，在从一个空间踏入另一个空间时添加一些制造惊喜的元素；或者设置一些让人迷惑的机关，比如靠一下墙，门就突然打开了。还有很多门掩藏在木材或镶板的纹理之下。

我自己的房子是由维多利亚时期的一位房主用现浇混凝土桩这种老式方法建成的，没有人知道他具体是怎么操作的。之前，我们要在浴室和更衣室之间加装一扇门，工

---

① 在电影《傀儡人生》中，主人公克雷格意外地发现办公室柜子后面的一扇暗门，这扇门可以通向著名演员约翰·马尔科维奇的大脑中，并且能通过马尔科维奇的视角体验他所做的一切。——译者注

人打钻之后，发现了一个坚固的混凝土环梁从地里冒了出来。我们没把它填回去，而是决定保留原样，只不过走过去时需要抬脚跨一下。我们还顺势在这里装了一个带弧度的柜子门，让人走进去有种纳尼亚式的体验。这些小意外最后都成为家里最引人注目的地方，回想起来特别有趣。

孩子们一直特别喜欢这种奇特的设计和尺度变化。前文曾提到，她们喜欢适合躲藏的地方，经常跑到建筑里的一些小角落或者楼梯下的隐蔽处去玩。我们在双胞胎女儿雷恩和埃塔的卧室里，装了一张嵌入式高架床，她们玩捉迷藏的时候就会爬到床下面。

错层设计也能获得差别化的空间。通过楼梯的上上下下去到另一个空间，无疑是一种耐人寻味的体验。错层设计是现代主义住宅的标志，不同房间彼此分隔开来，让自然光可以直接从房子一侧倾泻到另一侧。通常来说，人们会把厨房和卧室分开。在我看来，下沉式客厅是 20 世纪 70 年代的伟大设计之一。有的人会把整个客厅都设计成下沉式的，摆上独立或嵌入式沙发；有的人则在正方形或长方形的下沉区摆满靠垫，供家人和朋友在此畅聊。

乔纳森·塔基（Jonathan Tuckey）是一名设计师，但不是建筑学专业毕业的，而是学人类学的。因此，无论设计哪一栋房子，他率先考虑的永远是住户的体验。他的家位于女王公园，那里曾是一个钢铁工厂。那是我见过的住宅里，材质和空间体验最丰富的一座。这座住宅的成功很大程度归功于设计师对空间的精心布局。塔基说：

> 这里各个房间的地面高低不同，从心理上起到划分空间的作用。走上门口的台阶，代表你已经将街道置之脑后，彻底进入房子的空间里。同样，从客厅到厨房，要下一层台阶。虽然只有一层，但孩子们年幼时，这层台阶可以挡住玩具，防止他们乱跑。进入卧室时，还需要再上一层台阶，这样的设计在人们的心理上将白天和黑夜分隔开来。

楼梯的确会比较占空间，但效果不容忽视。要是能设计好一个大旋转楼梯或悬臂式楼梯，肯定特别能吸引人们的眼球，增强门厅的美学效果。举办聚会的时候，楼梯

空间
Space

还能当作一个舞台，主人可以站在上面致祝酒词。或者把这个空间当作女主人闪亮出场的背景，让她身着梦幻的连衣裙，从楼梯上优雅地走下来，向宾客们致意。

通过精巧的设计，楼梯还可以成为日常生活的一部分，是一种敞开心扉的拥抱，而不是委屈地隐藏在角落。可以把朝向客厅的楼梯打造成一个休息的地方，越往下台阶越宽的楼梯尤为合适。我们每天都要使用楼梯，上楼或下楼代表着一种物理过渡，隔开了人们白天的生活空间与夜晚的睡眠空间，而楼梯本身应该有助于这种过渡。就个人而言，我不太喜欢旋转楼梯，除非别无选择。虽然旋转楼梯占地面积更小，但使用时耗费精力更多，因为台阶宽度较窄，走动时还无法避免回响。除此之外，旋转楼梯很难被再度改造，也不耐用，还不太适合有孩子、老人和宠物的家庭。

建筑师亚历克斯·米凯利斯（Alex Michaelis）深知楼梯能够对人类情绪产生重要的影响。于是，在为自己和家人设计西伦敦的房子时，他把楼梯设置在房子的中央，自然而然地划分了家里的功能区，一边是厨房和用餐区，另一边是客厅。光透过巨大的天窗照在楼梯上，凸显了楼梯的重要性。最有趣的是，楼梯本身质感厚重，踏板是开放式的，非常坚固，一侧设有滑梯，孩子们坐着就能一下子滑下来。

几年前，我曾去著名建筑师理查德·罗杰斯家里拜访过他和他的妻子。他的妻子露丝·罗杰斯（Ruth Rogers）与他同样传奇，他们共同开了一家名叫河畔咖啡的餐厅。他们的家位于切尔西，这栋房子非同寻常。我永远无法忘记理查德穿着亮粉色衬衫和橙色背带裤从楼梯上走下来的画面。夫妻二人将一层楼的地面打掉，替换成带孔的钢制楼梯，这样，人们就可以直接下两层楼了。这个楼梯不仅是一座具有观赏性的雕塑，而且还能让主人从这里华丽登场。

也许是受到父亲的启发，英国室内设计师阿布·罗杰斯（Ab Rogers）在名为彩虹之家（Rainbow House）的住宅楼梯上施展了自己的魔法。彩虹之家恰如其名，在房子平凡的外表之下，有着一个色彩鲜艳的奇异世界。在这里，玻璃纤维和钢铁制成的楼梯盘旋而上，像一把徐徐展开的彩色扇子，颜色按照彩虹的色谱，一阶一阶地依次渐变。也许，他觉得还不够华丽，便在主卧的地面上开了一个洞，连着一个钢制滑道，可以直接滑向厨房，晚上你想吃夜宵的时候就变得特别方便。不可否认，我也很想要这种滑梯！

空间
Space

属于自己的空间

随着年龄的增长，人们对个人空间的需求也会发生变化。我们的三个孩子和她们的朋友就算挤在同一个房间里也非常开心，孩子们在抽拉床铺上四仰八叉地躺着，完全没有问题。十几岁的时候，我和我的朋友杰德开着他那辆"凯旋使者"去康沃尔旅行，经常直接睡在车的前座上。要是觉得这样太随意了，我们就一起挤在一个单人帐篷里，拿两个帆布背包当枕头，共享昨天剩下的馅饼。成年之后，我变得再也无法忍受和别人睡在一起了。以前我并不明白为什么爷爷奶奶要分床睡，现在却越来越能理解他们了。虽然我很爱女儿们，不过，有时还是渴望有一个隔音的尼森小屋（Nissen hut）①，把她们的"鬼哭狼嚎"隔绝在外。

大多数人可能都需要和他人同住，无论是和朋友、房客、合租的室友还是家庭成员。有时候，我们和这些人并不熟，甚至相互之间根本没有共同点。和他们共享居住空间，的确在某种程度上会影响我们的创造力和想象力。作为人类，我们希望能有自己的空间进行独立思考，与自然合二为一。著名华裔地理学家段义孚曾写道：

> 人们在独处时，思想可以在空间中自由翱翔。有他人在时，如果他人也在相同区域规划着自己的世界，那么，人们的思想会因顾虑他人而受到牵绊……人会让我们感到拥挤不适，还可能会限制我们的自由，夺去我们的空间，而物却不会如此。

宠物也是一样。我妈妈现在一个人住，只有一只约克波犬陪着她。但时间长了，无论去哪儿，她都要带着这只狗，有时会感到麻烦，甚至还有危险，生怕下楼梯时一不小心踩到它。尽管每个人的情况各有不同，但家里都应该有一个只属于自己的空间。

---

① 一种用于军事用途的预制钢结构房屋，在第一次大战期间由英国工程师彼得·诺曼·尼森（P.N.Nissen）少校设计，并因此得名。——编者注

空间
Space

总的来说，家为我们提供了一个应对外界的缓冲区。所以，我们应该有一个自己的房间，以便和同居者保持一定的距离，保护一些个人隐私。墙和门这种物理边界在必要时可以帮助我们躲避社交。

　　这种个人庇护所一般指书房或工作间，不需要特别大的空间，但一定是独立的。孩子和宠物只有在看不见或听不到照料者的时候，才会接受与他们分离。对业余艺术家和业余设计师来说，有个单独的工作室有助于心理健康，他们可以在里面一边听着黑胶唱片，一边捏泥塑、织毛衣。有的人更喜欢边听航运天气预报，边打理盆栽棚的树苗。说到盆栽棚，它可以利用多余的室外屋子或车库改造而成，盆栽棚可以作为房子一侧的披屋或者花园里的自建空间。不管以什么形式呈现，个人的庇护所都应保持简洁、自然和朴素的风格。你可以让蜘蛛在这里尽情结网，让颜料肆意洒在地板上。也就是说，要是你想把这里变成自己的专属空间，就必须将有关你的生活印记留存下来。

　　在这个空间里，你可以尽情做自己。无论是想在门上钉一个生锈的马蹄铁，还是想把整个屋子涂成亮红色，一切皆由你做主。在这个过程中，你会充分展现自己的才能，找到真实的自己。

　　专属空间对孩子们也有好处。如果家里有地方设置一处游戏室或者能隔出一个游戏区，要尽量远离主要的起居空间，这样一来，游戏的"厮杀"就是独立的。如果家里的孩子还在蹒跚学步，最好有个游戏室，小朋友可以在那里搭搭积木，家长也不必担心他们的安全。如果家里的孩子已经十几岁了，他们会希望有一个不被外界干扰的清净之地，没人去管他们在里面做什么。至于怎么装修，也要听听孩子的意见，毕竟现在越来越多的父母简单粗暴地剥夺了孩子们发挥创意的空间。

　　如果有客人来暂住，谨记他们也希望拥有自己的空间。我见过最令人满意的现代住宅布局是一个单层公寓，厨房和客厅在房子中央，主卧在一边，客房在主卧的另一边。这种布局可以让住在两个房间的人保持最远的物理距离，隔音效果也最佳。想要社交的时候，居住者就往房子中间去，想要休息时就回到各自的私人空间。如果无法实现这种布局，至少不要把客房设计在主卧旁边，好让客人和主人之间保持一点距离感。

　　如果客房在一个独立的工作室或花园里就更好了，这样一来，那些久久不联系的亲戚和渐行渐远的朋友都会到你家拜访的。这种完全与主生活空间隔绝的布局，是对客人最大的尊重与馈赠。独立的空间还可以发挥不同功能：无人借住时，摆上一张乒乓球桌，墙面还可以设计成攀岩墙；孩子长大后，这里还能改造成他的小基地；当老人需要照顾时，就把他们接过来住。这里甚至可以给久病初愈的人当作疗养胜地，要知道，在所有灵长类动物里，只有人类会把家当成疗养的地方。而在很久以前，生病的猿人仍需要外出找食物和居所，如果跟不上队伍，就可能面临生命危险。

和舍友或他人同住时，可能不太容易有自己的专属空间。但就算一起住的人再多，人们也必须有一些能独享的空间：可以是一个放置宝贵书籍的地方，也可以是一把适合自己的人体工学椅。或者，你可以试着和舍友商量一下，在冰箱和食品柜划出自己的一部分区域；又或者，在一个靠窗的座位上放个靠垫，让自己像猫一样在那里晒晒太阳。最宝贵的空间是那些可以让我们获得片刻喘息，尽情地做白日梦的地方。加斯东·巴什拉对此有过特别的阐述：

> 在家里，有很多我们各自喜欢蜷缩其中的狭小空间或角落。蜷缩属于"居住"这个动词的现象学解释，只有学会蜷缩的人，才能居住在紧凑的空间里。

Light
光

"太阳不曾明白自己有多么伟大，
直到它照到了建筑上。"

路易斯·康
Louis Kahn

光与情绪

　　勒·柯布西耶于 20 世纪 50 年代中期在法国东部一处小山丘上建造了朗香教堂。它的外形就像秋天里一朵体态丰腴的蘑菇，还拥有厚实的砖墙与倾斜的屋顶，好像只有在孩子们的游戏室里才能找到这种童话般的建筑。

　　一天下午，费伊和我往背包里塞了几个法棍面包，徒步登山，想来看看这座朗香教堂。我们一路走走停停，蹒跚地来到教堂的转门前。此处别样宁静，四下并无他人，一切都恰到好处。看着看着，泪水就润湿了我们的眼眶。

　　就算不是虔诚的信徒，你照样可以在一栋建筑中获得直击灵魂的体验。柯布西耶自己也曾说道："我尚未经历过信仰的奇迹，却常常从美不可言的空间中体味到奇迹。"

　　朗香教堂之所以能够调动人们的情绪，离不开它光影设计的鬼斧神工。高耸的偏祭台从塔顶采光，自然光打在粗糙的灰泥墙面，柔化成漫射光倾泻而下。祭台上，一盏孤单的烛火静静摇曳，令人触目伤怀。厚厚的南墙上布满参差错落的窗洞，形状大小各不相同。一束束光线透过彩绘玻璃窗投射下来，映得彩窗如红绿宝石般闪耀，美轮美奂。光线透过墙面与天花板间的天窗，一点点侵蚀屋顶的黑暗，显出嵌入混凝土墙体的支柱。

　　我们两个静静地坐着，不知不觉一小时过去了。当我们离开教堂时，夜晚早已降临，整座教堂笼罩在迷雾之中。此时此刻，这座建筑显得更加沉默，像潮湿森林里一朵发霉的乳菇。

　　光既然能够营造一整座教堂的氛围，当然也可以为住宅带去个性、情绪和舒适感。光照射在地板上，走起来让人感到脚暖暖的；光穿透树叶，在墙上留下婆娑的树影；光使室内的物品更加光彩夺目，更具立体感；光还可以通过反射和折射，在建筑上投射出万般色彩。我们的一位拥有现代主义风格住宅的客户曾诗意地说："太阳出来后，万物都开始舞蹈。"

　　我们有太多时间都是在家里度过的，所以必须与家建立一种情感联系，而"光"的品质在这种联系中起到了很大作用。买房或租房时，人们对住宅的评价往往会受到当日天气的影响。比如在英国，如果去参观一座带有单层玻璃窗的现代主义早期老建筑，要是选择二月的一个下着毛毛雨的早晨前去，就很难爱上这座房子。不过，要是在八月的一个天朗气清的下午去参观，结果就另当别论了。

法国建筑师玛丽·洛朗（Marie Laurent）和爱德华·德·波米耶尔（Édouard de Pomyers）在克拉肯韦尔购买了一套后现代主义风格的房子，这套房子的设计师是来自英国的皮尔斯·高夫（Piers Gough）。在考虑买房时，"光"是两位建筑师最重要的考量因素。玛丽介绍道：

> 我们彻底爱上了这套房子。看房那天阳光明媚，我还记得这里的光，记得小花园里的那棵大树。树几乎要长到房子里，成为房子的一部分了。我们还在屋顶露台上和房主品了品茶。爱德华和我对视了一下，彼此心领神会，对房主说："这套房子就是我们要找的，非它不可了！"房子里的光是最令人难忘的，哪怕在英国这样一个时常阴云密布的地方，这套房子里还是那么明亮。

阳光能激发我们的想象，这就不难理解为什么英国西南部海滨小城——圣艾夫斯小镇在两次世界大战期间成为艺术家的天堂。如果说地图上的英国西南部像一只伸出去的脚，那么，圣艾夫斯就像大脚趾头上的一个小疙瘩。在这里，阳光跨过北大西洋，照在康沃尔郡的大地上，成为一代艺术家的灵感源泉。著名雕塑家芭芭拉·赫普沃斯（Barbara Hepworth）曾住在圣艾夫斯镇中心，很多雕塑都是她在花园里满腔热血地用石块凿制出来的。艺术家帕特里克·赫伦（Patrick Heron）曾住在附近的泽诺，那里的干砌石墙和明艳的花草树木都被抽象化，留存在他的画作中。还有渔夫出身的艺术家阿尔弗雷德·沃利斯（Alfred Wallis），曾在旧纸板上绘制出了康沃尔海面上闪耀的浪尖。

自然光同样是人体不可或缺的养分。维生素 D 又被称为"阳光维生素"，研究证实，维生素 D 可以降低人们患心脏病、肥胖症和某些癌症的风险，还能促进骨骼发育。更

光
Light

重要的是，阳光能使我们心情愉悦。要不为什么每年夏天，海滨度假村都会挤满前来度假的、在各个泳池边争抢地盘的人呢？晒太阳有助于人体分泌血清素，这种化学物质能让人感到快乐。一边晒着太阳，一边喝着啤酒，简直太惬意了！

光与透明性

德国作家保罗·希尔巴特（Paul Scheerbart）为何如此痴迷于玻璃？答案依旧是那醉人的阳光和酒精。希尔巴特酷爱饮酒，是挪威画家爱德华·蒙克（Edvard Munch）和瑞典作家奥古斯特·斯特林堡（August Strindberg）的酒友，因三人均爱酒，他们共同经营了一家酒吧。1914年，他写了一篇名为《玻璃建筑》（*Glasarchitektur*）的文章，提出要建造一种建筑，"让阳光、月光和星光不仅能透过几扇窗户照进屋里，还能透过尽可能多的全玻璃墙面投射进来"，字字句句极具说服力。

希尔巴特认为，透明性能将建筑物打造成"人间天堂"。他的一些观点后来产生了很大影响。再后来，众多现代主义者疯狂迷恋上了观景窗和幕墙，还将屋顶露台刷上白漆，这种漆白得像远洋邮轮上耀眼的日光甲板。20世纪40年代最典型的两座建筑要数美国伊利诺伊州由密斯·凡·德·罗（Mies van der Rohe）设计的范斯沃斯住宅（Farnsworth House）和位于康涅狄格州由菲利普·约翰逊（Philip Johnson）设计的玻璃屋（Glass House）。这两座建筑完全透明，周边的景色倒成了室内装饰的主要元素。"这壁纸可贵了！"约翰逊曾打趣地说道。这些大胆的建筑设计无疑是极端的，但设计师意识到自然光的重要性，也认可自然光对人们心理的积极影响。

其实，第一座全玻璃住宅是由英国建筑师约瑟夫·帕克斯顿（Joseph Paxton）设计的，建于约一个世纪前。帕克斯顿26岁时曾任德比郡查茨沃思庄园的主管园艺师，那时，为种植稀有的百合花、优质凤梨和卡文迪什香蕉，他建造了精巧而复杂的玻璃房子。后来，卡文迪什香蕉还一度成为西方最畅销的香蕉品种。1851年，帕克斯顿建造了水晶宫——一座"披着展馆外衣的巨大温室"，此时，他对钢铁和预制玻璃的探索达到了顶峰。帕克斯顿的本意是为笼罩在煤烟之下的都市人提供一个理想的港湾，但这样一座振奋人心的绝美建筑，最终在一场大火中付之一炬。帕克斯顿进行设计时，在墙内嵌入了数百个百叶窗，以便于通风。不过事实证明，在炎热的仲夏，空气流通效果还是不够好，以致于后来不得不拆除一部分玻璃幕墙，改用帆布帘来遮阳。

光
Light

玻璃的隔热效果确实极差。很多人都有过大夏天在玻璃房里吃饭的经历，吃得汗流浃背，感觉都能栽水芹了。因此，我们需要正确地调节和控制采光，而不能让它们随意地"登堂入室"。

已故的英国建筑师沃尔特·格里夫斯（Walter Greaves）就深谙此理。他的家位于西萨塞克斯郡，于1981年建成，是我们出售过的最令人记忆深刻的房子，现代住宅公司的许多员工都说它是史上最惹人爱的住宅。格里夫斯曾和德裔建筑师彼得·莫罗（Peter Moro）共同设计过伦敦皇家节日音乐厅（the Royal Festival Hall），后来他自立门户，专注于小型建筑的设计。或许是因为他对自己设计风格的热忱和些许孤僻的性格在一定程度上影响了他的名气，他并不像詹姆斯·斯特林（James Stirling）、艾莉森·史密森（Alison Smithsons）和彼得·史密森（Peter Smithsons）等同时期的英国建筑师那样知名。为了改造自家住宅，他耗时五年多才获得规划许可。之后，格里夫斯将这座建筑里里外外用略带弧度的雪松木包裹。现在，这座住宅已经被列为二级特别保护建筑，得此殊荣实属罕见。这个例子也暴露了英国相关规划法有失武断的本质。从屋内看，设计师对自然光的精准调控让这座建筑有了一种静默的美。格里夫斯的女儿汉娜（Hannah）介绍道：

> 我妈妈喜欢有阳光直射的地方，但爸爸没那么喜欢，所以，他的办公室朝北。但整座房子开了许多高窗，好让太阳照进来。这样设计算是两人间的妥协吧，效果也特别好，爸爸能接受，妈妈也能享受阳光。爸爸觉得，房子就应该这样，发挥它应有的功能……房子周围的环境非常美，永远不会让你感到审美疲劳。每次回到家，哪怕只待了半小时，我还是会被家里的景色惊艳到。我们家没有那种大窗户，不能无时无刻地看到外面的花园，所以对花园也不会感到厌倦。爸爸曾经在滨海一带设计过一座房子，客户对他说："窗户装得不够多，我们想随时欣赏海景。"但爸爸的回答是："如果你隔几分钟不看大海，等会儿回到家再看，那你就会永远看不腻它。"

光
Light

打造完美之家
A Modern Way to Live

在许多层面上，沃尔特·格里夫斯都走在了时代前列。如今我们对太阳的危害极为敏感，也更加在意环境的可持续性。我们有责任减少使用窗户。窗户不是墙的替代品，它的存在是为了将公共空间和私人空间划分开，将外部世界的残酷现实与内部空间的安心氛围划分开。

窗户是建筑效能的薄弱环节。窗户应最大程度地引入太阳光，同时最大程度地避免热量流失。在欧美，人们多用 U 值（U-value）来表示玻璃组件的传热系数，窗户类型不同，U 值也会不同，数值越小越好。单层玻璃的 U 值大约为 5，双层玻璃为 3，而三层玻璃可以达到 1.6 以下。被动式节能房屋（Passivhaus）[1] 是低能耗建筑的范本，U 值保持在 0.8 以下才算达标。就像剃须刀从单层刀片发展到现在的三四层刀片一样，窗户设计也在不断发展，采用三层甚至四层玻璃的窗户如今也很常见。

建筑师安娜·海登（Anna Hayden）和拉塞尔·海登（Russel Hayden）在英国斯托克波特购置了一套典型的 20 世纪 60 年代风格的房子，并按照被动式房屋的标准对其进行改造，增加了隔热材料、机械通风系统，并且特别安装了现代节能玻璃窗。他们的生活因此发生了很大变化。安娜说道：

> 现在哪怕外面打雷，我也听不到了，甚至有一次警车都停到了邻居家院子外，我们也没被吵醒！三层玻璃的窗户几乎把所有噪声都隔绝在外。去年我做了一次膝盖手术，在家休养了三个月，一直没有出门。家里的生活非常舒适，对我的康复帮助很大，所以我相信建筑是有力量的，好的建筑可以给人更好的居住体验。

比起那些可开关的玻璃窗，我个人更喜欢固定窗。比如一个景窗，没有突兀的窗把手和机械装置，可以更好地"框住"景色，让景色看起来更美。景窗的支撑架构也可以

---

① 指节能、舒适和经济的建筑。相对主动式建筑而言，被动式房屋使用能源供能的方式不同，它通过本身的构造设计来达到舒适的室内温度，而不需要额外安装制冷和供暖设备，因此非常环保。——译者注

藏到建筑中，达到无框的效果。再加上一个宽大的窗台，就能让房间更加灵动。客人可以在此休息，晒晒太阳；家人可以在此午后小睡，还可以在窗台上摆放一些陶瓷藏品。

另外，折叠门既可以供人进出，也不妨碍通风。不过，折叠门关上的时候会阻挡视野，变得多余；打开的时候又会堆在一起，像个难看的三明治。如果房间连着花园或露台，可以考虑安装一个玻璃转门，这样既能达到无框玻璃般的美学效果，也能使室内外实现无缝衔接。

不过，由于玻璃造价极高，所以，我们在追求住宅最大透明度的同时，也要考虑到成本。比如在扩建厨房时，一个固定窗配上一扇经典老式门便足矣。最重要的是窗框要尽可能小一些，如果有玻璃格条，材质越轻越好。

乔治王时代风格建筑的可圈可点之处很多，但它们流传下来的最好元素当数那些精致至极的窗户。哲学家阿兰·德·波顿（Alain de Botton）曾提及建筑能激发人类的情感，说得有理有据。他总结道：

> 英国巴斯那些乔治王时代的建筑，窗户好像悬浮在建筑表面，用它们优雅的姿态吸引着我们。和后来的建筑师不太一样，这座城市 18 世纪的建筑师们意识到窗框的纤细之美，不由自主地较起劲来，看谁能用最细的木框固定住更大面积的玻璃窗。他们不断地探索技术边界，这才制造出乔治王时代风格建筑中气质典雅的窗子。这些窗子就像埃德加·德加（Edgar Degas）画中的芭蕾舞女一样，踮着脚尖，流畅地旋转着那修长的身型。

更换窗户时，你得选择一个风格匹配的建筑。我们经手过最受欢迎的房子是斯潘地产（Span House）建造的低调实用型房屋。1948 年到 1984 年，斯潘地产的建筑师埃里克·莱昂斯（Eric Lyons）和开发商杰弗里·汤森（Geoffrey Townsend）在伦敦周围各郡建造了 30 个住宅区，目的是弥合粗制滥造的郊区住宅与专业设计的城市住宅间的鸿沟。许多住宅非常适合年轻家庭当起步房，一楼通常有待客厅和厨房，还有一面玻璃墙借景私人花园，楼上有三间朴素的卧室和一间浴室。在非专业人士眼里，这种房子

光
Light

打造完美之家
A Modern Way to Live

可能和 20 世纪中期建造的其他房子没什么两样，但要是细看就会发现，房子里铺设的地板是实木的，门配件风格高雅，门牌的印刷也很精美。玻璃是这些房子的一大特色，边框是木制或铝制的，布局也经过了精心考量。可是，硬聚氯乙烯这种新型材质的窗户可以说是现代住宅的"祸根"。虽然一些房子因正挂牌出售而免遭它的"毒害"，但很可惜，很多房子没能逃过加装这种窗户的劫难。接触房地产行业这么多年，我可以负责任地说，塑料玻璃窗劝退了很多潜在买家，因此严重影响了房子的销售。

另外，窗户有必要定期清理，别让东西挡住窗户，尤其是像衣柜和沙发这类大件的家具。同时，你还要注意一下窗外的空间，比如确认一下窗外疯长的紫藤花有没有挡住阳光。窗户饰品的重要性不亚于玻璃。百叶窗可以遮光，避免热量流失，也很好收纳。在我家厨房，有一个维多利亚式的拱形框格窗，原有的百叶窗可以直接藏进窗台的翻盖隔层里。卧室和餐厅的环境对舒适度要求更高，所以我们采用了更厚重的窗帘。

我承认我对窗帘是有那么一点"强迫症"的。每天晚上，我都会仔细检查并拉好窗帘，确保边边角角没有一丝缝隙可以让次日的任何一缕晨光透进来。真的，一大早被刺眼的阳光叫醒简直是人生悲剧。而到了上午，我就会把窗帘全部拉开，让阳光尽情地照进来。我们在重新装修家里的时候，特地加长了窗帘杆，这样一来，我们在白天就可以把窗帘拉到两边，不会遮挡窗户。在儿童房里，我们在窗帘后面还装了遮光百叶窗作为第二道防线，避免孩子早上被晒醒。

住在伦敦的时候，我时常惊讶地发现，很多业主其实都没有考虑到夜晚房屋的私密性，尤其是住在地下室公寓的人们。晚上，每当我走在下班路上，总是能看到那些亮灯的屋子里的陈设。在这种情况下，加装一个轻薄的窗帘既不会阻挡光照，还能增加一个视觉阻隔。网眼窗帘多见于 20 世纪 70 年代的英国郊区，使用的是涤纶面料，又皱又脏，风评极差。相比之下，天然的亚麻巴厘纱要好得多。在英国国民信托 ① 拥有的历史建筑里，经常能看到窗帘后有一个卷帘，不仅可以遮挡阳光，还能防止别人从窗外窥探。

---

① 全称为 National Trust for Places of Historic Interest or Natural Beauty，是全欧洲最大的以保护与传承历史、自然古迹为任务的慈善机构，成立于 1895 年。——译者注

光
Light

许多年前，我们将赫特福德郡一座 20 世纪 30 年代建成的二级保护建筑卖给了设计师史蒂夫·吉本斯（Steve Gibbons）和海迪·莱特富特（Heidi Lightfoot）。两个人被这栋建筑本身的透明感所吸引。由于房子的窗户很多，他们安装了不下三十个威尼斯式百叶窗，不仅有助于保护隐私，还能调节采光。百叶窗帘在墙上和家具上投影出各种条纹、锯齿和网格图案，成为室内居住体验重要的一部分。不过，金属百叶窗帘有个弊端，那就是很容易弯折变形，有时候还会卡住、拉不动。生活在英国的人想必都没少与这些"固执"的百叶窗帘"作斗争"吧！

光与布局

如何正确地利用光线？房屋设计的方方面面几乎都离不开这个问题。浏览挂牌的房源信息时，一定不能忽略房子的自然属性。较低楼层的公寓一般都会便宜些，有几个原因：一是安全性低，容易遭到入侵；二是离街道上的污染更近；更重要的是，低楼层的采光往往不足。所以，我建议，优先选择高层的住宅。

英国记者威沙卡·鲁滨逊（Vishaka Robinson）在巴斯购置公寓时就意识到了这一点。她的公寓位于一座山顶住宅楼的高层，虽然每天要爬很多楼梯，但家里总是阳光四溢，令人心情愉悦——这就是住在高层的利弊。她说：

> 我好像住在天上一样。屋子的一边早上亮亮堂堂的，另一边下午亮亮堂堂的。所以，白天的时候，哪怕是在寒冬，我们也很少开灯。

想要房子采光充足，就要与周边的建筑保持一些距离。狄更斯笔下的窄巷或许很浪漫，但不要指望那种巷子里的房子采光能有多好。建筑物的进深同样对采光影响很大。进深大的房间肯定会有采光死角和偏暗的区域，因此在我看来，家中大概每隔 4.5 米就应设置一扇窗户。假如把房间想象成一个立方体，那么，至少应该在两个面上巧设窗户。这样做不仅能增强光照，让整个房间都更明亮讨喜，还能更加清晰地观察他人的神情，便于交流。

建筑师贾森·赛雷特（Jason Syrett）在一片林中空地上为他们一家四口建造了一座房子，并且让这座房子几乎从每个角度都纳入了自然光。他觉得，这样的设计能让全家人保持身心愉悦：

> 光线从周围的树林中穿过，射向屋内，效果非常惊艳，并且不同季节有不同的效果。最近常常下雪，我妻子发现光线会透过窗户折射在各个墙面上，使整个房间充盈着一种静谧感。房子顶层四面都有窗户，一边可以看到花园

光
Light

外的树木，另一边可以让阳光直接照进来。我觉得这座房子提高了我们的生活质量。

规划空间布局时，也要考虑房子的朝向。如果能在设计中考虑到太阳的起落变化，那就不需要那么多供暖和制冷设备了，不但能减少温室气体排放，还能少交一些电费，创造一个更加舒适的居住环境。如果在北半球居住，南北朝向的房子比较理想，主要的生活空间应该规划在朝南的部分，人们可以充分利用光照。卧室最好在东面，这样在晨光的照耀下，人们就很容易自然醒，建立良好的生物钟，这个过程像极了对小孩子进行的睡眠训练。同理，餐厅可以规划在西面，这样家人就能伴着夕阳的余晖用餐。杂物间、车库、工作室和服务用房可以规划到北边的空间或家里较暗的地方。窗户朝北的房间较暗，艺术家和摄影师会比较喜欢，适合给他们当工作室。

艺术家萨拉·凯·罗登（Sarah Kaye Rodden）的家位于肯特郡，是一座 15 世纪建成的厅式房屋（hall house）。在思考如何装修这座房屋时，她决定遵从建筑本身的采光条件：

> 前室的光线特别充足，一直都是我的工作室，我们全家白天也都待在这里。房屋深处的光线没有那么足，但晚上待着会特别舒服，所以，我们完全可以接受。每当孩子们睡觉之后，我都会点上蜡烛，倒不是为了浪漫，只是单纯觉得气氛到了。

出乎意料的是，哪怕是最杰出的设计师，也有忽略房屋朝向的时候。位于伦敦的贝克斯利希斯的红屋（Red House）便是其中一个例子。红屋是 1859 年建筑师菲利普·韦布（Philip Webb）为友人威廉·莫里斯而建的。它颂扬了工匠精神，也展现了中世纪行会理想的合作精神。从壁纸到彩色玻璃窗，再到内嵌的柜子，整座建筑几乎都是由莫里斯和他的拉斐尔前派（Pre-Raphaelite）兄弟会的会友们纯手工打造的。英国画家爱德华·伯恩－琼斯（Edward Burne-Jones）将红屋称为"世界上最漂亮的地方"。

不过，这房子特别寒冷，因为主卧朝北，正对着的沃特林街——旧时通往坎特伯雷的朝圣之路。寒凉的卧室让莫里斯的身体每况愈下，仅五年后，他就带着一张手绣的毯子搬回了伦敦的布鲁姆斯伯里。

新冠肺炎疫情期间，很多人一周有大量时间居家工作，如果你也是这样，可以试着把书桌或工作台挪得离窗户近点儿。人们如果缺乏自然光的浸润，身体好不容易建立起来的生理节律就会开始紊乱。《临床睡眠医学杂志》（*Journal of Clinical Sleep Medicine*）于 2014 年刊登了一篇研究文章，研究人员找来两组参与者，要求一组人在无窗房间里工作，另一组人则在充满阳光的房间里工作。结果表明，没有享受到自然光的那组参与者的睡眠质量远不如另一组。

设计儿童的学习空间时，也应该考虑到光照。可能人们会觉得，那些叛逆的青少年适应能力很强，随便一个地下室书房就能打发他们。但事实上，给他们一个光线充足的空间复习课业，有助于他们提高成绩。美国加利福尼亚的太平洋天然气与电力公司（Pacific Gas & Electric Company）曾发布过一个报告，其中有个结论，房间里自然光充足对学习成绩的提升有直接影响。

对于更小的孩子来说，给他们提供一个明亮的房间作为游戏室是一个很好的想法。假如空间不富裕，也可以在厨房的窗户下放一张专属的小桌子。可不要把孩子的游戏垫铺在压抑的角落里，要让他们到光线充足的房间里玩耍，享受一下阳光的沐浴。自然光可以促使眼睛分泌多巴胺，对孩子的视力发育特别有好处。

如果家里不止一层，可以转换一下传统的楼层布局思路，比如把卧室安排在楼下，把客厅安排在楼上。虽然你可能永远都习惯不了"下楼睡觉"的说法，但这种布局确实更加合理，可以为生活空间引入更多的光与景，因为低层的区域本身就昏暗，正适合作为睡眠空间。这种布局还适用于其他各类房型，比如都市里如警觉的狐獴般在楼顶上"探头探脑"的顶层豪华公寓，或是能够领略到连绵田野风光的乡间小屋。

无论房型如何，最关键的都是利用建筑的自然特性。建筑师斯图尔特·皮尔西（Stuart Piercy）和邓肯·杰克逊（Duncan Jackson）在萨福克郡将马特洛塔（Martello Tower）改造成了一个独特的现代住宅。马特洛塔建于 19 世纪早期，是一个砖砌的圆柱形堡垒，几乎没有任何窗户，这样的构造令以往的建筑师们无从下手改造。而这两位建筑师将此特点加以利用，打造了几个内部带有天井的卧室，还打造了一个夜间客厅，里面用砖头围砌了一个烧柴炉。至于厨房和餐厅区域，他们拆了房顶，增建了一个屋顶观景台，四周修了一圈玻璃幕墙，墙顶还开设了波尔卡圆点式的天窗。在这里，你尽可以眺望船只来来往往，仰望天空云卷云舒。

我所说的建筑的自然特性也包含天花板的高度。上述调换上下层布局的做法，最适用于每层格局相同的建筑。而古典主义建筑，更适合运用意大利建筑师安德烈亚·帕拉第奥（Andrea Palladian）提出的建筑比例规则：一楼主厅的天花板很高，窗框尺寸也很大，自然光照十分充足，可以作为娱乐空间；而高层的面积和窗户尺寸都更小，更适合作为睡眠空间。

许多具有不同历史时期特色的建筑有一个共同的问题，就是它们是为有用人的家庭设计的，而用人们往往在昏暗的房间里准备食物。哪怕是全伦敦最壮观、最奢华的乔治王时代的房子，它们的厨房大多也都设在地下室。花大价钱或许可以买到某一历史时期的宏伟建筑，但买不来阳光。

不过，也有特例，比如伦敦的斯皮塔佛德地区。要是用一个与嗅觉相关的比喻，斯皮塔佛德就像是被夹在了三明治的中间：东边是印度人聚集的孟加拉镇，散发着小茴香的辛辣气味；而西边林立着后现代风格的山岳台式建筑，住在这里的都是伦敦城的行政人员，四处弥漫着这些人劣质的须后水的味道。17世纪时，斯皮塔佛德涌入许多胡格诺派的丝绸纺织工，在这里建了许多复式公寓，不仅采光良好，而且为了容纳纺织机，天花板也做了挑高。这些公寓最近被慢慢改造，一个个还都有了令人惊艳的现代厨房。

实际上，自然光线还能为宾客提供引导，让他们清楚该往哪里走，从而产生一种不可言喻的微妙之感。要达到这样的效果，入口处以及独具建筑美或装饰美的地方都应该亮堂堂的。《建筑模式语言》的作者们就指出：

> 人类天生向光，永远向光而行，就算静止不动，也会转身面向光。因此，

光
Light

像靠窗的座位、阳台、炉边的角落和带有网格花架的凉亭这些地方，就深受大家喜爱，成了常常为人留恋的地方，它们见证了生活中的大部分瞬间。由于这些地方的光线分布都不太均匀，居住者可以自行找个向阳的角度。

我在"空间"一章中提到，人们可以通过灵活的布局和隔断式设计引入光照。就算空间再小，"借光"之后，也能平添几分隆重感。许多 20 世纪 60 年代和 70 年代建成的房子，在厨房和餐厅之间都有开放的架子和透明的隔断，让那些局促、窄小的厨房空间显得更宽敞明亮。我家有个小小的洗衣房，就是用半玻璃的屏风隔断的，不仅可以使光线直接透过去，还能挡住不太美观的洗衣机。任何杂乱的空间只要有了玻璃，都会显得更加高雅，毕竟玻璃有能力提升一切事物的质感。

我个人感觉，带庭院的房子布局采光效果最好，特别治愈。如果房间围绕着封闭的庭院排列开来，那么每个房间都能连通自然，房型也比较狭长。英国也有一些优秀的历史建筑，例如，赫特福德郡的哈特菲尔德市有一处名为伦敦小屋（Cockaigne Houses）的公寓群，共有 28 个露台交错的单层公寓。这些公寓的屋顶是平的，彼此之间以共用的砌块界墙分隔，建筑框架均使用染黑的木材。这些年我们卖掉的许多户伦敦小屋都备受青睐，售价高昂。它们的建筑师彼得·菲彭（Peter Phippen）、彼得·兰德尔（Peter Randall）和戴维·帕克斯（David Parkes）很可能受到了俄裔建筑师瑟奇·切尔马耶夫的影响。切尔马耶夫的家宅位于美国康涅狄格州的纽黑文市，是城市中独户住宅开发的典型案例。该住宅共有 3 个互相连接的单层楼阁，环绕着一个开放庭院，房子正面特地设计得非常低调。切尔马耶夫不仅引入尽可能多的自然光，而且为了保护屋内的隐私，宁愿舍弃街景。这一观点在他与建筑师兼理论家克里斯托弗·亚历山大（Christopher Alexander）共同撰写的《社区与私密性》（Community and Privacy）一书中有细致的阐述。

庭院住宅的布局如今依旧受到建筑师们的喜爱。比如托马斯·克罗夫特（Thomas Croft）就大刀阔斧地改造了自己在西伦敦的"马厩式洋房"。他介绍道：

房子原本的布局有很多小房间，还有很多小窗户，导致整个房子一年四季都特别暗，住起来感觉像监狱一样。我们几乎把整个房子拆掉重建，让它变得更加开放宽敞。现在，房子的面积比原来大了 40%，也更充分地利用了花园，使花园成为房子的焦点。和很多建筑师一样，我喜欢日式庭院，所以翻修时借鉴了一些日式庭院的设计原则，视花园为神圣之地。我们常在花园里散步，欣赏花园的美景。室内、室外的地板铺设在同一个水平面上，地板条也采用相同的橡木，尺寸和铺设方向都保持一致。因为环境不同，室外的橡木地板老化得更快，因而大变样，而室内的地板依旧如新。两者一对比，仿佛是对万物衰老的沉思。

光
Light
———

打造完美之家
A Modern Way to Live

触碰天空

尽管建造于约两千年前，罗马的万神殿至今仍拥有着世界上最大的无筋混凝土穹顶，顶部中心有一个突兀的圆形大洞，像是足球上的气阀。天气好的时候，会有一缕强烈的圆形光束从中穿过，照射在墙上；而在暴雨天，天空中的闪电划过翻腾的乌云，落下的雨滴也会穿过这里，滴滴答答地打在大理石地板上。对于哈德良大帝和当年的罗马居民来说，万神殿之眼象征着神灵的眼睛，象征着神灵在俯瞰着他们的城市，无论神灵是什么心情，带来了怎样的天气，人们也都欣然接受。

后来，这种"眼孔"成为罗马帝国建筑的一个关键特征。天气炎热时，雨水可以通过"眼孔"为建筑降温。后来，从拜占庭帝国到东方伊斯兰世界的建筑师，都将这种设计运用到了各自伟大的宗教建筑中。

一座朝天空开启的建筑，总会带着某种天堂般的氛围。圣地亚哥·卡拉特拉瓦（Santiago Calatrava）设计的眼窗（Oculus）是纽约世贸中心的交通枢纽站。它的外形宛如一只展翅欲飞的白鸽，从羽翼的肋条间到建筑主体都镶嵌了玻璃，一束束光柱透过狭长的玻璃，成为卡拉特拉瓦口中的"光之路"（Way of Light）。每一年，为了庄严地祭奠"9·11"事件的遇难者，天窗的顶棚都会敞开，人们可以借此拥抱天空。

艺术家詹姆斯·特里尔（James Turrell）对此概念无比着迷。他留着浓密的胡子，是虔诚的贵格会教徒。他还是一名热忱的飞行员，痴迷于探索天地之间的联系。其"天空之城"系列（Skyspaces）的每一件作品都能让观者陷入沉思。温馨的房间里，天花板上开了一个天窗将天空之景定格，一天的光影变化透过窗子投射在屋内，形成抽象的美感。人坐在屋里，就像身处一只眼睛的内部，抬眼就能望见月亮。

除了创造这种形而上的意境，屋顶开窗还有其他实用功能。比如，在 20 世纪 30 年代，艾尔诺·戈德芬格在汉普斯特德柳木街 2 号设计的一栋房子，自然光能透过屋顶上的玻璃眼孔，直接照射在屋内的旋转楼梯上，被照亮的一节节台阶吸引着客人往楼上走去。

天窗还可以改变地下室的光线，把地下室从破旧的"地下车厢"变成一个使用便利、令人舒心的地方。这种设计也能给复式公寓和阁楼的改造提供一些思路。其实，

光
Light

103

比起传统窗户，天窗能导入更多的光线。因为它们本身就是朝天空开设的，所以哪怕是在房顶安一个最基础的天窗，也会收获不错的效果。天窗能够给人空间上的错觉，还能加速空气流通，提升室内的空气质量，避免夏天时室温过高。

在紧凑的城市环境里，楼房鳞次栉比，挤得就像羊圈里时常撞头的羊群。所以，只要有空间，就一定要好好利用起来，尽可能增强采光。吉亚尼·波兹福德（Gianni Botsford）的光屋（Light House）名副其实，生动而有趣地彰显了天窗的魅力。房子建在诺丁山腹地，四周围着一圈建筑。动工之前，业主和周围邻居签订了 14 个界墙协议 ①，可见周边建筑之多。波兹福德和环境咨询公司奥雅纳（Arup）合作，用电脑计算出了全年建筑的光照参数，同时考虑到伦敦特殊的气候，最终设计出一个全玻璃镶嵌的"天空屋顶"，这是全屋唯一一个面向外部的元素。屋顶被设计成四个挡位模式，一天下来会呈现不断变化的光影效果。

将仓库改造为住宅的方法与前面的设计思路大同小异。建造厂房本身就需要引入足够的光照为工业生产服务，而不需要那些室外景色。这类建筑往往使用简单的材质，单层玻璃天窗的采光效果就极好，因而吸引了许多年轻的建造师将其改建为住宅。

摄影师索菲·哈里斯 – 泰勒（Sophie Harris-Taylor）不喜欢用闪光灯，而是习惯运用自然光线去记录景色。所以，在为自己和伴侣以及一岁的儿子米沙（Misha）和一只乖巧的灵缇犬挑选房子时，自然光是她考虑的第一要素。他们买下了一栋维多利亚式住宅楼中的一套典型的底层单间公寓，并充分发挥聪明才智，把毗邻的车库也改造成了一个现代的生活空间。他们在屋顶开设了一对天窗，投射到屋里的光线特别柔和。索菲介绍道：

> 在这里，你总有一种头顶天空的感觉。从早到晚，一束束迷人的光线有
> 序移动着，倾泻在屋里的各个角落，让你根本挪不开眼。其实，光线和这种

---

① 界墙协议（Party Wall Award）是由英国《1996 年边界法》（*Party Wall etc. Act 1996*）规定的一项法律文件，旨在协调房产业主开展工程作业过程中与邻里住户可能产生的利益纠纷。界墙协议规定了业主是否有权利开展其要求的工程内容，以及获得相关权利后，工程的工期和施工方式等。——译者注

开阔感才是我们最珍视的，这里从来不会让你产生闭塞感。一个朋友形容我的房子"像个庇护所"，我也有同感。我觉得如今的现代生活比以前更低调、更平凡。人们更愿意关注那些能让生活变得更舒适的"小确幸"，越来越在乎能否活出真实的自己，反而不太在意那些外在的光鲜。

在原建筑基础上扩建，会让房型变得更加狭长，导致扩建空间和原有建筑的衔接部分出现一些采光死角。要想解决这类问题，还得靠天窗——天窗可以补充任意方向的光照。

大部分天窗需要手动开合，不过你也可以选择电动天窗，它们像公务轿车里的天窗一样可以自动伸缩。要是暴雨突袭，雨水感应器还能自动把天窗关上。有些住宅更夸张，甚至整个屋顶都可以敞开。已故的建筑设计师理查德·帕克斯顿和海迪·洛克就特别擅长设计这类屋顶。他们生前在伦敦周边许多其貌不扬的地方建造了很多实验性住宅。两个人的家离汉普斯特德高街不远，客厅约十二米宽，双层通高，顶上有一对巨型的伸缩天窗。天窗开启时，客厅就成了一个室外广场，巨大的赤陶花盆里种着和屋顶一样高的大树。到了夏天，你可以直接放一张帆布躺椅，在家就能晒太阳，补充维生素 D，不用担心患上佝偻病。还有一个玻璃围合的泳池与客厅平行安置，在阳光的照射下，像一个闪耀的镜球。

如果预算不多，也不想如此大费周章，你可以在屋顶轮廓线下方安装一些高窗，这也能算作一种天窗，而且效果不减，尤其是在有隐私和安全需求的房间里不妨一试。举个例子，20 世纪中期的联排别墅就通常是这样：在一楼中间的浴室里，人们会在单斜面屋顶下安装一个条窗来引入一些自然光。

天窗的设计可以追溯到古埃及的神殿，不过在哥特式教堂里更为典型。哥特式教堂里有了飞扶壁的支撑，建筑师便能够在自己的设计中加入更大尺寸的窗户，直到教堂的上半部分几乎全部镶嵌玻璃，形成巨大的玻璃天窗。后来，美国建筑大师弗兰克·劳埃德·赖特（Frank Lloyd Wright）调整了这种艺术形式，并将其应用到更小型的住宅里。

光
Light

和传统窗户相比，天窗更能营造出光的氛围感，因为它们在墙上的位置更高，能够让光线投射进来后照得更远。同时，天窗还能节省出空间来放花洒、橱柜、家具或者艺术品。假如你不想看见四周邻居晾晒的衣服，不妨用天窗替代传统窗户，这样就能"眼不见为净"了。

光
Light

玩儿转光线

　　法国建筑大师勒·柯布西耶在朗香教堂的设计中告诉我们,光不只有一种功能。光,是一种可以讲述故事的媒介。日本建筑师安藤忠雄在大阪北部的一个小镇里设计自己的代表作光之教堂时,受到了朗香教堂的极大影响。教堂神坛后的水泥墙上,一个十字架形的开洞几乎占据了整个墙面,那便是光的入口。建筑内极致的空旷,搭配低成本的脚手架木板做成的长凳,为教堂增添些许神圣的味道。安藤忠雄认为,设计住宅和设计宗教场所的方法别无二致。他说道:

　　　　我们无须将房子一个个区分开来看。"居住"不仅是对房子功能性的追求,也是一种精神上的追求。

　　著名的加纳裔英国建筑师戴维·阿贾耶(David Adjaye)设计的雾宅(Fog House)位于伦敦的克拉肯韦尔。正如其名,这座住宅有一整面墙都采用了喷砂玻璃,巧妙地柔化了光线,让光看起来像一朵飘浮的积云。这栋房子最初是艺术家马克·奎因(Marc Quinn)的工作室,后来被英国主持人兼作家珍妮特·斯特里特–波特(Janet Street-Porter)购得,并将其改造成住宅。再后来,我们又将它卖给了律师兼投资人德拉·伯恩赛德(Della Burnside)。她觉得这栋房子能够真正提升生活质量:

　　　　这里几乎所有的设计都关乎建筑的亮度与采光。每一层楼都有玻璃窗,特别是顶楼,三面都镶嵌了玻璃窗,屋顶露台是眺望花园的最佳视角。我之前的家是一栋维多利亚晚期风格的房子,这两栋房子完全不一样。我一直想找一个采光更好、布局更现代的房子,它还要有足够的室外空间给我的小狗住。当我在这里看到这些宽敞的阳台和周边的公园,真的大为震撼!我没想到自己可以找到这么合适的房子!

另外，在家里使用一些反光材料也可以增强采光，让屋子更明亮。将镜子摆在合适的位置，同样可以增强空间感，同时提高室内的亮度。19世纪的新古典主义者约翰·索恩（John Soane）爵士就是一个"镜子巫师"。他是白内障患者，视力一日不如一日，所以他总是利用一切机会在位于林肯因河广场的家中进行光学试验。在涂有红漆的图书馆里，他将镜子安置在壁炉里和百叶窗后，甚至书架上面，让人产生一种往隔壁屋窥视的错觉。在早餐室里，他设计了一个"肋状穹顶"（handkerchief dome），还在每个角落都放了凸面镜，穹顶边缘和内部也镶了一排小镜子来增强光亮。

在我们伊斯灵顿的老房子里，有一面我和费伊从修道院餐厅里淘来的镜子，就靠在主卧的墙上。当我们斜着看它的时候，感觉好像屋里的窗户又多了一倍。那个房子的浴室特别小，也没有特色。所以，我们把浴室的墙全部铺上了闪闪发光的摩洛哥瓷砖，再将之前那扇平平无奇的门换成了人工吹制玻璃的材质，又把木质的家具涂上了墨水蓝光漆，还在水池上方挂了一面带有锈斑的古董镜子。

当你做室内设计时，要一一检查材料是否有反光效果。比如抛光混凝土，既坚固，光反射率也高，用来做地板是不错的选择，黄铜等抛光的金属也可以作为反光材料。玻璃门、玻璃隔断和敞开式楼梯都可以为室内引入更多的光线。不过，有一种设计我个人不太赞同，那就是设置玻璃楼梯。20世纪90年代，玻璃楼梯刚流行时给人的感觉还算不错，但经过日复一日的使用，玻璃楼梯会变得伤痕累累、磨损严重，因而不太可取。

曾经有一次，《家居世界》派我去采访工业设计师迈克尔·阿纳斯塔西德（Michael Anastassiades）。我来到他在南伦敦的家兼工作室，他对反光材料的精妙运用让我备感震撼。他没有用传统的艺术品装饰室内空间，而是另辟蹊径，选择在家中展示自己的设计品，使家成为一个立体的个人作品集：在一楼的工作间，他设计的"盈凸月"（Waxing Gibbous）镜子，看起来就像一颗颗水滴从天花板滴落下来，然后汇合到地板上；在楼上的房间，他使用了铜制多面镜，制造了一种光线扭曲的奇异效果；书桌上，还有一个吊灯在轻轻地摆动，像艺术家亚历山大·考尔德（Alexander Calder）的动态雕塑一样动人。

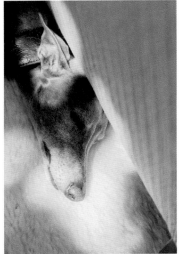

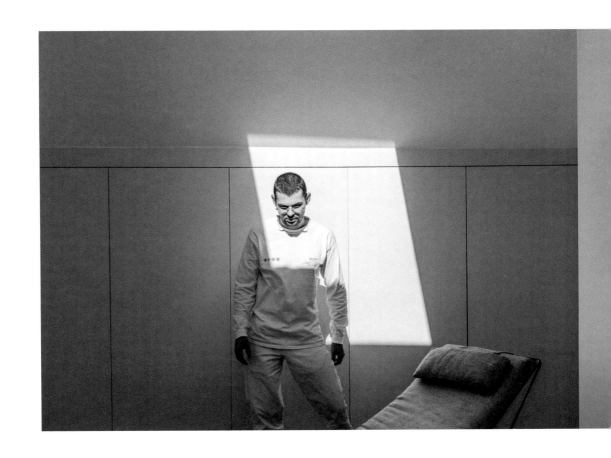

光
Light

无惧黑暗

要使自然光线真正奏效，必须连同它的对立面"黑暗"一起呈现。在美术界，光与影有着同样重要的地位。卡拉瓦乔的画之所以充满戏剧张力是因为他采用了明暗对比法和暗色调作画。画上模特的脸部色彩明亮，画布的背景又一下子变得昏暗，于是，作品就有了强烈的光影对比。这样的创作手法往往让画作上的人物表情略显呆滞，通过人物的额头也常常能看出些许忧伤。而 18 世纪的英国画家德比郡的约瑟夫·赖特（Joseph Wright of Derby）打破了传统，没有将这些技法运用在描绘宗教场景上，而是用于描绘科技时代的奇观。他的名画《气泵里的鸟实验》（*An Experiment on a Bird in the Air Pump*）现陈列在伦敦国家美术馆，作品中洋溢着人们见证科学奇观时的激动与紧张。

这些光影在建筑学里的极致运用不亚于在美术领域的应用。不过，与画家不同的是，建筑师无须用画笔在画布上绘出家中的明暗对比，建筑师把玩的是真的建筑。维多利亚时期的艺术评论家约翰·拉斯金（John Ruskin）曾指出，自然界中的光影更为精妙，是大多数艺术家都呈现不出来的。

如果没有光影对比，我们的家就会变成一维的单调空间。我在"空间"一章曾提到，只要变换房间的尺度，改变一下动线，就可以提高人们对它的期望值，提供不一样的居住体验。采光设计也是如此。将走廊设计得较为昏暗、神秘并没有什么不对，毕竟走廊不是专门用来休息或沉思的，你只要走到房子的核心区域——客厅或庭院，就能感受到充足的光线，这种反差反而令人心潮澎湃。

建筑师肖恩·伦尼·希尔（Sean Ronnie Hill）和时尚设计师马利卡·乔杜里（Mallika Chaudhuri）在改造位于哈利斯登的底层公寓时就运用了这个技巧。马利卡解释道：

> 走廊一般都比较暗，我和肖恩达成了共识，想让走廊一直暗下去。我们俩都特别喜欢海，所以我们决定把走廊装修得像走进蔚蓝的深海一样！从走廊走到更亮一些的地方时，你就会感觉到一种戏剧性的冲击。不过，不是所

有人都享受这种感觉，有的人会觉得太暗了，怎么不开灯呢？实际上，他们并不知道其实这是有意为之的。

在埃塞克斯郡比勒里基郊外一个绿树成荫的小村庄里，隐藏着一座达普小屋（Dapple House），这所房子也将"黑暗"打造成了舞美道具。从正面看，它就像一个黑箱子，有卧室、卫生间和一间靴室，玻璃窗少得不能再少。整座建筑的明亮程度是逐渐提升的，最空旷的生活区采用了全高的玻璃，直通露台，达到了最大限度的采光。业主戴维·帕森斯（David Parsons）解释道：

> 整所房子的设计理念是在森林中建一个清净之地，让光影透过树荫呈现出来。走近这所房子，你便能看到它的四周都围绕着树木，刚走进去，你会觉得有些暗。不过，不断往里走，你的焦点就变成露台，然后你会发现内部空间一点点变亮，天窗和大扇大扇的玻璃映入眼帘。这时，光线开始了它的表演，让你感觉仿佛置身于林间的空地。

卧室其实不需要太多的光线，毕竟卧室的氛围应该有助于我们在夜晚入睡，在早晨苏醒。同样，用餐区最好能设计出绅士俱乐部那种颓废感和闷热感。我们还应该设计一些用作读书思考的黑暗空间，因为光线昏暗的小角落确实能营造一种让我们尽情做白日梦的氛围。

建筑师彼得·卡利（Peter Culley）在惠廷顿社区买下了一个破旧的公寓。这个社区是20世纪70年代在北伦敦开展的一个社会住房项目，在出售给卡利之前，公寓被翻修了一轮。

卡利决定在室内设计中加入"黑暗"元素。按传统的眼光看，这个举动无疑是一种商业自杀行为，传统人士的脑海中可能还会浮现出这样的画面：一位穿着尖头鞋的地产开发商，边走边抚摩贴着玉兰花壁纸的墙面。而卡利解释道：

光
Light

屋里有间卧室在最里面，光线特别暗，僻静无比，但我一直喜欢昏暗房间里的丰富感。在美国孟菲斯市的一个项目里，我专门制作了一种漆，它的颜色有些模棱两可，又像黑色，又像紫色，有时候又像靛蓝或普通的蓝色。两个卧室间的颜色搭配也有些试验性质，一个颜色特别暗，一个颜色特别亮。从空间上来看，两个房间是对称的，格局也一样，只不过设计风格完全相反，像是彼此的二重身。不过，这种对比达到了一种平衡状态。这次翻修是为了能把房子卖出去，所以人们常常给我建议，说如果我想要把它卖出去，就应该把这种"丰富性"去掉。但我还是选择反其道而行之。我的确在设计上非常大胆，但就房间的样子而言，我确实提供了两种可能性。首先，把它们搭配在一起来看，这两个房间就是一对成套的设计，深得我心；然后，分开来看，它们运用了不同的颜色和家具，拥有各自的设计风格。

日本小说家谷崎润一郎在他精彩绝伦的随笔集《阴翳礼赞》（In Praise of Shadows）中写道，阴翳之美在日本文化中有着"绝对"的地位，这种美从艺伎深深的唇色到味噌汤碗的神秘深处中都能感知一二。他还强调了日本传统建筑中特意展现出的光影变化，比如外展的屋檐能够遮挡阳光，深邃的凹室为漆器展品增添了新的元素：

一间日式房间就好像一幅水墨画，纸拉门就是画中墨色最淡的地方，凹室是墨色最深的地方。在那些设计精妙的日式房间里，每当看到凹室，我都会惊叹于设计师们对于阴影的独到理解，惊叹于他们对光影的巧妙运用，这种美感可不是先进的机器能够实现的。空旷的房间常用原木和素色墙面划分，这样照进来的光线就会形成浅浅的阴影。一切都那么简洁，没有一个多余的东西。然而，当我们凝视横梁深处、花瓶周围和书架后面暗处的时候，尽管知道这黑暗并没有多深邃，但还是忍不住觉得那些小角落有种万籁无声的气氛，觉得这些黑暗被不变的寂静永远地笼罩着。

光
Light

戴维·阿贾耶设计的消失的房子（Lost House）隐匿在伦敦国王十字区的一个改造过的货场里。这栋建筑对于黑暗的探索可谓又激进又令人深思：全屋只有一个外窗，其余的光照都通过三个光景天窗实现。墙壁、地板、天花板和橱柜一律使用黑色，地下还配有一个健身泳池，看上去并不适合游泳，倒是挺适合洞穴探险的。神奇的是，这里没有一处设计显得过分压抑，因为光线会在泳池水面、屋内镜面和亮泽的树脂地板上"欢快地跳跃"。书房位于厨房上方的夹楼，由一面不透明的玻璃墙隔断，光线从外面照射进来，整个书房就像皮影戏的戏台子。房主杰茜卡·鲁滨逊（Jessica Robinson）介绍道：

> 我从小在一个挂满了画、铺满了地毯的房子里长大。后来到纽约，我住在一栋波希米亚风格的褐砂石建筑里，这栋房子真正改变了我的生活方式，因为它本身就是一件艺术品。我在这里的生活变得特别简单。有的人觉得这个地方很恐怖，但我觉得这里让人特别放松，也特别安静。虽然周围有个繁忙的火车站和一条运河，但这栋房子恰好藏在它们中间，的确给人一种"消失"其中的感觉……打开门，就好像进入了一个隐秘的世界，谁也不会想到在这个地方会有这样一栋房子。

光
Light

119

夜晚的光亮

如今，当人们一提起洛杉矶，就会想到一张经典照片——摄影师朱利叶斯·舒尔曼（Julius Shulman）在夜间拍摄的斯塔尔住宅（Stahl House）。这栋住宅由建筑大师皮埃尔·凯尼格（Pierre Koenig）于1959年建造。照片中，一个玻璃屋从好莱坞山的山坡上延伸出去，两位穿着干练的女士正在屋里轻松地交谈，整个情景看起来就像悬浮在洛杉矶上空一样。我和费伊心想，这里或许就是可以让梦想成真的地方吧！几年前，我们循着朱利叶斯·舒尔曼的足迹参观了这座房子。随着夜幕降临，我们发现客厅里的球形吊灯和远处城市里一条条大街上闪烁着的街灯，正好遥相呼应。

凯尼格用他高超的建筑技艺告诉了我们一个道理：为现代住宅挑选和摆放灯具时，应该全面考量，这是设计过程中至关重要的一环。灯具可不像圣诞树上的那些小装饰，不是随便让孩子们挂一挂就行了的。

嵌入式照明应采用间接照明而非直接照明，这一点要谨记。我个人的黄金准则是，如果肉眼能直接看到灯泡里那些晃眼的灯丝，就说明灯具的位置安装错了。现代住宅室内设计的一个巨大的痛点是厨房里的天花射灯十分多余，把厨房岛台照得像个摆着古代花瓶的博物馆展台一样，就像切洋葱还得先带副面罩，真的没有必要。

我在前文提到，好的室内设计需要有光线暗的角落，而天花射灯只会让所有事物变得千篇一律、个性全无。谷崎润一郎曾幽默地"吐槽"位于京都的都酒店大厅灯具滥用的问题：

> 本想在一个夏夜寻一处山明水秀之地，好好养养精神。听说京都都酒店有凉风满楼，所以慕名前往。待我到那里一看，白色的天花板上嵌满了乳白色的玻璃盖，每个盖里面都有明晃晃的灯泡正在"熊熊燃烧"。和大多数新建的西式大楼一样，这里的天花板非常低矮，灯光一照，仿佛一团团燃烧的火球在头顶上旋转。"灼热"一词已不足以形容这种设计，我整个人只觉得从头顶到脖颈再到脊背火烧火燎，离天花板越近的部位就越难受。这些火球明明

只用一个就能照亮整个空间，但这里竟然有三四个火球一起在发光！沿着墙壁和柱子还附设了一些小灯泡，除了消灭各个角落的暗角外，它们再无其他用处了。

　　此外，像购物中心和机场这类公共空间的照明也非常夸张，面对这种过度使用照明的做法，我们渐渐变得麻木了。可我们要认识到，这些照明不仅对人体没有好处，还会扰乱人们的睡眠节律，损害免疫系统。曾有研究发现，上夜班的工人更容易出现健康问题，比如压力过大导致的胃溃疡，甚至患上抑郁症、心脏病和癌症。而对大多数在常规时间工作的人来说，大家下午都在灯光通明的办公室里工作，我们的孩子也是在闪烁的日光灯下埋头学习的。所以，为了安抚受伤的感官，我们应该把家里的灯光调暗一些。

　　需要照明的时间一般是朝阳还没升起或者夕阳已经落下的时候。那时，我们的身体要么正从沉睡中慢慢苏醒，要么正从一天的疲惫中缓缓放松。这就不难理解为什么家里的灯光应该营造一种温馨的氛围，而不能像体育馆那样照得那么明亮。一旦认同了这个观念，你的生活会越来越健康。这同时也是在为环保作贡献，还能省下不少电费。

　　总之，要么把天花射灯隐藏起来，要么就选好角度把它安装在明面，照向墙面或者房间的某一个角落。我个人其实更偏爱壁灯，还会为每盏壁灯安装调光器，这样做不但可以自行调整亮度，还能营造不同的氛围。

　　至于在什么位置安装灯具，就要看灯具的美观度了。这时，不妨向时装店取经。卖时装的人总希望把你打扮得更好看，这样他们才能获利，所以试衣间里都用微弱迷人的灯光来突出衣服剪裁的设计感。在浴室或者更衣室里，灯具最好与头部同高，最好使用磨砂或暗色的灯罩。同时，要多增加一些光源，像设计舞台灯光一样，每个地方、各个方向都要考虑到。

　　如果光源在头顶，那么，它会在你眼下的位置投射出阴影，让你的痘痘、斑点和皱纹更加明显。所以不管怎样，不要在镜子上方装天花射灯，除非你想在镜子里看到一张和英国斗牛犬一样皱巴巴的脸。

光
Light

打造完美之家
A Modern Way to Live

另外，你可以考虑一下自己晚上一般会如何使用生活空间，然后将它拆分成不同模块，为每个模块搭配光线柔和的灯具。以餐桌的照明为例，我们可以在晚餐上桌之后，把灯关掉，点上一些蜡烛。烛光依旧是最健康、最迷人、最浪漫并且氛围感最强的照明工具。室内设计师霍利·鲍登（Hollie Bowden）说：

> 在晚上，我喜欢关掉所有主光源，让灯光更加柔和。然后我会点上一些蜡烛，蜷缩在沙发上读读书或看看杂志，寻找一些灵感。我觉得生活在当今的城市，我们需要为自己建造一个庇护所。所以，要找到一个安静的地方，或者打造一个空间，让自己心态平和、心定神宁，以此来调和忙碌的现代生活，对抗那些噪声和压力。

我家的照明就特别微弱，要是有人晚上来我家，估计会以为家里没有人。我爸爸还专门发明了一个词来"吐槽"我这种做法——微光主义（lightism）。我们家里没有镶嵌任何天花射灯，而是采用了落地灯和台灯，连着一个 5 安培的插座。我们在餐厅里只放蜡烛，书房里也只有一个台灯。浴室的照明同样特别微弱和隐蔽，壁炉两侧还装了感应器，这样晚上用卫生间时不会吵醒家人。走廊上还有插电式的夜灯，孩子们不用开大灯就可以放心地走路。

另一个有用的照明思路是变换灯光的颜色。比如你可以用蓝光唤醒你的一天，用红光伴你入眠。白天使用冷光有助于抑制褪黑素分泌，让我们保持清醒，提升认知表现。相反，晚上接触过多的蓝光则会影响人的生物钟，睡前看太多电视或过度使用手机会引发很多健康问题。所以，晚上我们需要一些暖光。在夜晚点蜡烛的行为之所以让人如此欲罢不能，是因为暖光能够帮助我们放松，让我们更好地入睡。

懂得了这个道理后，我们就可以为自己家挑选合适的灯具了。具体来讲，环境光的质量和色温在很大程度上受灯泡类型的影响。比如节能灯比较稳定，能够让家里有手术室的照明效果。而传统的白炽灯会显得更加温暖，更有人情味些。市面上还有各种各样的 LED 灯，有些人会在不同房间安装不同颜色的灯泡，例如，在客厅和卧室用

光
Light

暖白色灯，在厨房和浴室用冷白色灯，在进行艺术创作的工作室里则完全靠自然光。

我曾为了给因迪戈的卧室添置一个电子时钟，花了很长时间才找到那种显示红颜色数字的、放在床头柜上也不会影响她睡觉的款式。在我看来，40 瓦或者 400 流明的电灯泡已经足够在大多数场合使用了，尤其是在床头。假如某个灯具的灯泡直接暴露在外，可以考虑换用银顶的灯泡，灯丝周围有一圈遮光条，作用类似于灯罩，让灯泡起到局部照明的效果。

白天的大多数时候，灯具都是关着的，所以灯具本身也应该起到装饰作用。年轻设计师奥斯卡·皮科洛（Oscar Piccolo）的"灯帽"百褶灯就颇具美感，这个系列的灯具以典雅的轮廓著称，修长、弯曲的铁座支撑着一个布满褶皱的灯罩。他介绍道：

我设计这盏灯时，没有考虑用它如何照明。我只把它想作是一盏不太常开的或者长期闲置的灯来设计。

日裔美国设计师野口勇说过："每个物品都是一件雕塑。"他将传统的纸灯笼打造成堪称艺术品的和纸灯具。野口勇不单单设计灯具，还设计过家具、花园、建筑和瓷器。不过，他最经典的设计还是要数"光亮"系列的灯具，可谓经久不衰。在日本岐阜县，当初同他合作的那个家族作坊至今仍在手工制作这个系列的灯具。他常说："家，只需要一个房间，一张榻榻米和一盏'光亮'系列的灯具。"

策展人奥斯卡·汉弗莱斯（Oscar Humphries）收藏了野口勇的许多经典设计。他家里也有野口勇的"光亮 10A"新款落地灯。他说：

我真的是野口勇作品的狂热粉丝，收藏了很多他的经典作品。不过，就灯具而言，我只买最新的款式。野口勇设计的灯具特别完美，设计优美，也不算很贵。

我觉得，复古的设计是永恒的，是当代那种冷冰冰的建筑照明永远无法超越的，所以，我家里到处都是以前的欧式灯具。对室内设计师路易莎·格雷（Louisa Grey）来说，意大利设计师维科·马吉斯特雷蒂（Vico Magistretti）设计的"环礁"系列是她个人的最爱。"环礁"的外形极其简约——一个半圆灯罩立在一个圆锥体和圆柱体复合的底座上，散发出一种独特的戏剧感，无论是把它放在一个新建的住宅里，还是置于格雷那栋维多利亚式的连栋别墅里都特别合适。晚上将它开启后，它会散发出柔和的光，像一朵神奇的蘑菇。"这个照明效果简直太惊艳了！"格雷不禁赞叹道，"我一看到它就开心极了！"还有什么赞美之词比她的感叹更实在呢？

光
Light

——

Materials
材料

"好的建筑必须留有人们生活的痕迹，
展现一种独特的丰富性。
在我脑海中浮现出的是老建筑材料上的
那些绿锈和建筑表面那些数不清的小划痕。"

彼得·祖索尔
Peter Zumthor

与住宅握手

很多家长都曾抱怨过孩子两岁时的反抗期，他们将这个阶段称为"可怕的两岁"。但以我的经验来看，"暴躁的七岁"更让家长"无福消受"。因迪戈七岁的时候，特别擅长和我们"打心理战"。我时常想象她四仰八叉地躺在床上，横眉怒目地构思作战方案，努力思考要怎么打败我们。

在我们温切斯特的旧家里，因迪戈一生气就拿门撒气。当时，厨房的门把手已经生锈了，只有手劲儿大的成年人才能拧开，拧多了还有患关节炎的风险。我们本以为这门把手挺有用的，尤其是孩子闹脾气的时候可以把她挡在外面。直到那一天，因迪戈不停地摔门，直接把门把手摔坏了，我们才"幡然醒悟"。果不其然，自那以后，厨房及其他房间她想进就进，想出就出，每次都气鼓鼓的，像个浮夸的独角兽。

对因迪戈来说，门把手只有一个功能——保证她的进出自由。门把手没坏的时候，每次进厨房前我都要深吸一口气，放松一下，然后和它大战一场。每天和它斗智斗勇也让我心生厌烦。在《肌肤之目》一书中，帕拉斯玛将转动门把手这个动作诗意地比作"与建筑的一次握手"。他写道：

> 一个经过匠人精心打磨，经过使用者无数次摩擦的老物件，会让人忍不住要去触碰。触摸一个数千人都开过的锃亮的门把手是一种令人愉悦的体验，光洁而明亮的磨损痕迹已经成为热情好客的象征。

的确，当我们扭动门把手时，应该像是朋友间进行一次友好的问候，而不该让自己气得像是要和它打上一架。帕拉斯玛也曾亲自设计过门的配件，这些配件被不少眼光挑剔的 20 世纪北欧设计师们收藏了，其中最出名的有丹麦设计师阿恩·雅各布森（Arne Jacobsen）和瑞典设计师埃里克·冈纳·阿斯普伦德（Erik Gunnar Asplund）。

触觉是最容易被人忽视的一种感官，在住宅设计中更是如此。美国作家海伦·凯勒（Helen Keller）丧失了视觉与听觉，在《我生活的世界》（*The World I Live In*）中，她曾深刻地描述了自己如何用触觉探索世界：

> 我摸了一下我的狗。它刚刚在草地上打滚儿，我在它四肢的每块肌肉上都感受到了快乐。我用手指感受它的一举一动，轻轻地抚摩它，像抚摩蜘蛛网那样轻。你瞧！它圆滚滚的身子一会儿滚来滚去，一会儿变得僵硬，忽然又挺挺地站了起来，用舌头舔了舔我的手！它紧紧地贴着我，好像要挤进我的掌心似的。它的尾巴、爪子和舌头都在表达爱意。如果它能说话，我相信它会对我说，触觉真的很美妙，因为你的抚摩中有爱，有智慧。

小狗通常会找到家里最舒服的地方待着，比如在火炉前伸个懒腰，或窝到沙发上心满意足地长吁一口气。家，首先需要非常舒适，漫长的一天过后，你疲惫的身体尽可以在此休养生息。要是能在家里添置一些前卫的家具也不错，但家具质量一定要好。就拿椅子来说，如果你坐得很不舒服，总是担心会一屁股摔到地上，这样的家具就没有继续使用的必要了。

多年来，我受邀参观了数百套住宅，每到一个地方都会被问到同一个问题：我们的钱应该花在哪儿？我的答案很简单，花在你每天都要触摸的地方，比如灯具开关、马桶冲水按钮、门把手、厨房工作台等。选择材料就是选择一种触感，这对居住体验有很大影响。设计师伊尔丝·克劳福德（Ilse Crawford）写道：

> 触摸的目的是感受。脚是我们身体最敏感的部位之一。脚上的压力点会直接向大脑传输信号。如果一栋房子是为了提升人类生活质量而设计的，那就应该铺上触感好、质量佳的地板。任何我们能触碰到的地方，都应考虑到材料的触感和质量。我们使用的各种材料可以营造不同的氛围，传递隐藏的信息，还会对空间呈现的情绪以及我们与空间的关系产生极大影响。

想要让室内设计更丰富，触感更好，其实不需要花费很多的人力、物力、财力。

材料
Materials

打造完美之家
A Modern Way to Live

材料
Materials

133

我和费伊在搬家期间曾经租过一间村舍，在那里住了一年半。我们用一桶白乳胶漆把墙面原有的黄色给盖上了，还把原来有镀铬效果的塑料门把手换成了黑色金属的门把手，又挂上了一些简约的亚麻窗帘。

这下，整个家大变样了。租期到了之后，这间村舍马上又被租了出去，简直就是无缝衔接，房主特别高兴。

从事古董家具行业的巴尼·里德（Barny Read）和贝姬·诺兰（Becky Nolan）将他们在伦敦堡区租的房子进行了改造。贝姬介绍道：

> 我们把棕色的地毯全部掀开，露出水泥地，然后学习野兽派风格速战速决地在上面涂了层漆。我们更换了厨房操作台、所有的门把手、所有灯具的固定装置和配件以及每个房间的窗帘。这些都只是为了美化室内，价格不是很高，但改变了房子的整体感觉。

那些买房出租的业主装修时更注重成本而非质量，所以出租房的装修总是不那么人性化。不过，在选材料时，人人都免不了犯错。我家的床头柜是从牙医诊所淘来的，它是一个摇摇晃晃的木头柜，布满了凹痕的金属顶面历经无数次磕碰，早已"满目疮痍"。所以，每次喝完水要把水杯放在上面的时候，我都要特别小心，生怕把费伊吵醒。晚上，因为看不清，放东西时常发出特别大的声响，简直能响彻整个房间。起夜也是个大麻烦，因为有时我会忘记家里的马桶座圈没有装缓冲垫，而直接把它放下来会砸到马桶瓷座，吓人一大跳。我们每天都在经历这样的事情，不仅会刺激到我们的感官，还会给当下的生活带来不便，影响到我们的心情。

不过，好在房子里还有很多其他事物能够让我们心情愉悦。我们买下这间房子的时候，前房主留下了一些老式的黄铜拨杆开关以及锈迹很好看的壁板。我也非常喜欢门厅的地板，是宽窄不同的旧橡木板，踩上去总是暖暖的，让人很舒服。不过，我最喜欢的是衣柜上的纯铜门把手，它是费伊用石头做成的。石头是她去泰晤士河边"寻宝"时捡的，在千层海浪的冲刷下，石头的边缘变得圆润。因此，门把手的形状虽不完美，手感却很好。每天早上我都会同它"握手"，就像是和大自然进行短暂接触一样。

　　能够亲近大自然很重要，我在此后的章节中会对此详述。策展人兼作家格伦·亚当森（Glenn Adamson）说：

　　　　如今有一种文化现象——我们正在不断丧失联系，不仅丧失了与物体的联系，还丧失了与物体中蕴含的智慧的联系，即不再与有形物品产生共鸣。这种产生共鸣的能力可以被称为"物商"（material intelligence）。拥有"物商"意味着我们对身边的材料有深刻的理解，有能力去解读物质环境，并具备为材料赋予新形态的知识。从前，"物商"基本人人都具备，如今却慢慢变成一种专长。同时，不可否认的是，经过科学探索，材料的数量在激增，种类越来越多，质地也越来越复杂了。

　　但这并不意味着每个人都要从头开始亲自建造自己的家。我敢肯定，包括我自己在内的许多人，连一间最基本的茅屋都搭不起来。但是，亲自动手，哪怕只是劈劈柴，储备一些冬天的柴火，或者用陶泥做个马克杯，再或者给孩子们建一个树屋，都能帮助我们建立起与自然的联系，并从中收获知识，从而更好地爱护我们赖以生存的地球。

材料
Materials

打造完美之家
A Modern Way to Live

维持材料的"本真"

2001 年，我的朋友卡罗尔·托马斯（Carol Thomas）和菲利普·托马斯（Philip Thomas）建造了一栋风格大胆的现代住宅，它坐落在海格特一条大街旁的绿地上。那片绿地隶属于一个保存完好的乔治王时代的村庄，后来被划归伦敦地界。

由于地理位置极其特殊以及邻避主义（nimbyism）愈发盛行，有些人对这栋住宅的风格表示不满。有位邻居路过时，看到他们房子上耀眼的铜屋顶，向当地规划部门反映说有人在这里建清真寺，简直是无稽之谈。

材料最好的状态就是让它们以本来的样貌随时间慢慢老去。用铜装点屋顶不是为了符合宗教习惯，而是因为它会生出纹理极其美丽的铜锈。考登钢也一样，这种材料在大气中会慢慢生锈，形成一种特殊的氧化层。艺术家理查德·塞拉（Richard Serra）少年时曾在钢铁厂工作，后来一直致力于将金属板材的岁月痕迹艺术化。

对雕塑家而言，材质本身的特点是最有价值的，老化属于艺术创作过程中可以接受的一部分。正如亨利·摩尔（Henry Moore）所说：

> 石雕应该保持石头原有的模样。如果非要让它变得有血有肉，有头发、有酒窝，那就只有舞台上的魔术师能做到了。

摩尔于 1938 年创作的《斜躺的人》（*Recumbent Figure*）现存放在伦敦泰特美术馆。这件杰作用侏罗纪时期牛津郡的一种石灰岩——霍恩顿石（Hornton stone）雕刻而成，表面呈化石状，轮廓非常粗糙，让这件作品看起来更像一个古代地质遗迹，而非一件抽象的艺术品。这件作品是受俄裔建筑师瑟奇·切尔马耶夫委托而作。切尔马耶夫当时在东萨塞克斯郡建了一座名为本特利树林（Bentley Wood）的住宅，这件雕塑作品就被安放在露台上。雕塑起伏的线条像一座视觉桥梁，将建筑与风景连接起来。

切尔马耶夫在整座房子的架构和外墙上使用了木材，和摩尔的雕塑差不多，他们都将材质的特性和自然美运用到了极致。约翰·萨莫森曾赞叹道："（房子）外观狭长，

材料
Materials

137

唯美地坐落于此，超越一切浮华的建筑风格，与周边环境融为一体，浑然天成。"

2020 年，我们将这座房子售出。尽管它陆续经历了几次扩建和改造，建筑师仍保留了它本来的设计，整体格局依旧是一个低矮的箱式结构，底层有一整排全高玻璃，将乡村美景一一分割。

这种保留材质本真的绝妙设计理念，最初是 19 世纪复兴哥特风的建筑设计师奥古斯塔斯·普金（Augustus Pugin）倡导的。这位建筑师曾负责英国威斯敏斯特宫以及大本钟的内部设计。他写道：

> 设计有两大原则：第一，建筑需要具备便利、结构和合理性；第二，所有的装饰都需要强化建筑本身的结构。如今，之所以出现那些为人所诟病的建筑，就是因为忽视了这两大原则。

耿直的艺术评论家约翰·拉斯金吸取了普金的经验，他的《建筑七灯》（Seven Lamps of Architecture）是一部维多利亚时期有关优质设计原则的伟大著作。在这本书中，他提出了一个非常关键的优质设计原则就是"真实"，也就是说，任何造型或材料都不能以欺骗的方式加以呈现。

拉斯金认为，工业革命带来的机械化是"非真实"的源头，催生出一系列毫无灵魂的产品，剥夺了工人们手工制造的个人成就感。他呼吁人们回归中世纪行会的建造模式，让匠人们从头至尾亲自制作每个部件。他的这些观点在拉斐尔前派兄弟会中和英国工艺美术运动时期引起了巨大反响。

拉斯金的一系列哲学观点，后来在威廉·莫里斯于 1859 年建造的红屋中有了具体体现。当时，莫里斯想要在伦敦周边用自然材料建造一座房子，他认为自然材料更健康，且比工业产品更美观。那一时期，大多数别墅都用类似结婚蛋糕奶油的灰泥粉饰，而红屋则原原本本地呈现了绯红的砌砖，就像房子的面庞被晒伤了一样。共同参与设计的另一位建筑师菲利普·韦布没有对室内的木质框架和砖拱结构做任何修饰，而是维持材质最真实的样子，让人一看就能了解这座房子的建造方法和它所选用的材料。在

"光"那一章里，我也曾以红屋为例，它固然有缺憾，但这种直观的建造方式和选材都值得我们进一步学习。

美国当代建筑先驱鲁道夫·辛德勒（Rudolf Schindler）在洛杉矶的家同样极具实验性，甚至直接推动了 20 世纪 20 年代加州现代主义（Californian Modernism）的兴起。当初，我在采访英国艺术家埃德蒙·德瓦尔（Edmund de Waal）时，他对这座房子的"真实"赞不绝口：

> 这座房子美就美在它使用的所有材料都是纯天然的。混凝土没有经过打磨，而选用的当地的加州红木也只经历了最基本的加工程序。由于房子的空间很大，所以使用了很多玻璃，但这些玻璃既不算富丽堂皇，也不算色彩缤纷。这是一个触感很好的房子，值得用双手去感受，用心去探索。只要摸一摸墙面，你就会感受到混凝土的质感。再摸一摸梁柱或墙里的镶嵌物，你就能感受到木材的纹理。一次次的触摸，会渐渐改变你对这个世界的很多看法。

材料
Materials

材料
Materials

完美的缺陷

　　埃德蒙·德瓦尔从五岁起就开始学习泥塑，他的一生都在探索如何能在不进行任何干预的情况下，揭示材料的内在特性和质地。说他是"追求缺陷的完美主义者"再贴切不过了，他创作的瓷器，其表面的凹陷和作品形态摇摆的感觉都恰到好处。他师从英国艺术家伯纳德·利奇（Bernard Leach），和他的导师一样，他也深受日本美学的影响，并在17岁时前往日本留学。日本文化崇尚"残缺之美"，这是西方文化无法企及的。日本侘寂美学教人们要学会接受无常与非对称性，努力在物品久经风霜的表面、互不相配的材料和自然的衰老中寻找快乐。这种观念在日本传统的茶道中体现得淋漓尽致。茶道给人一种精神上的非凡体验，在素雅的环境中制茶分茶，能够让人逃离日常的焦虑。

　　我们似乎总是在追求完美，从工作到爱情，再到生活方式，无尽的追求也给我们带来了无尽的痛苦。装修自己的住宅时，我们得明白，不用让一切都完美无瑕。可有的时候，这个道理我们并不是生来就懂，更不是人人都懂。我家的花园里有一些纤维水泥花盆，是瑞士新功能主义设计师威利·古尔（Willy Guhl）设计的。经过多年的风吹雨打，花盆上已经生出了一层层美丽的苔藓，形成自己的生态。不幸的是，一天，我们的清洁工来了之后，主动要"顺便帮我们个忙"，直接用高压水枪把苔藓冲得一干二净。现在，这些花盆就跟那些促销单上的商品一样，变得毫无生机。

　　对于设计师来说，"缺陷"其实比"完美"更棘手。英国建筑师戴维·奇珀菲尔德（David Chipperfield）对德国柏林新博物馆进行翻修时，没有选择推倒重建，而是走上了一条更困难的修缮之路。他努力想要保存历史构件的原真性，这就意味着他使用的所有材料、涂漆和装饰都是建筑里原有的，是独一无二的。相反，一想到如今建筑公司里那些年轻的实习生或"画图猴子"① 们，坐在办公室的小角落往每个设计方案里复制粘贴同款卫生间，我就特别郁闷，因为这种现象太普遍了。英国伦敦设计博物馆前

---

① 画图猴子（CAD monkey）是建筑等领域对业内人士的一种比喻，指那些辛辛苦苦在相关领域接受多年教育，最终到工作岗位却干着重复性工作的人，比如不停地画同样的设计图。——译者注

馆长迪耶·萨迪奇（Deyan Sudjic）曾写道：

> 如果你想要做到完美无缺，那么，至少要清楚地知道自己想从一件东西中获得什么。"完美"的前提是知道自己要做些什么，怎么设计每个接合处，怎么打造每条缝隙，怎么塑造每个平面……若想在缺陷中挖掘美，你绝对不能撒手不管，不能指望单靠技能和坚持就轻轻松松地达到目的。

孩子似乎对于事物的变化有种天生的豁达感。当你看到那些他们珍爱的泰迪熊等玩具经受了多少"磨难"，就能够理解孩子们有多么在乎它们了。因迪戈最宝贝的玩具是"兔兔"，一个脏兮兮的兔子毛绒玩具，这个玩具从她出生时起就一直陪伴她。现在，"兔兔"的绒毛早已磨损，它脖子里的填充物也被挤得移位了，兔头只能歪向一边。"兔兔"确实遭遇过一些不幸，比如曾经被公交车碾压过。费伊和我知道这个玩具对因迪戈而言多么重要，所以买了一个同款、同型号的玩具备用，以防哪天这个"兔兔"丢了或又惨遭一次车祸。这个有着天真眼神的"替身"名叫"新兔兔"，自从买来之后就被丢弃在玩具房的角落里。这两个"兔兔"产自同一厂家，只是质感不同。每个"兔兔"的颜色、质地和味道都是独一无二的，对孩子而言，不再"崭新"就是"兔兔"的最大优势。

人们之所以喜欢旧玩具，是因为它们承载着生活的美好回忆。家也一样，它能够讲述人们过往的经历。我们日常用的材料都处在一种不断变化的状态，我们应该悦纳它们的缺陷，任凭它们优雅地老去。美食编辑兼作家米娜·霍兰（Mina Holland）在翻修南伦敦的公寓时就接受了房子的不完美。这间公寓是她和丈夫弗雷迪（Freddie）买下的第一个房子。她说：

> 怎么把房子原有的特点保留且重新设计好，对我们来说真的很重要。房子的原貌就像一张线稿，我们在这个基础上填色，尽管我们的色盘比较简单——让灰泥、胶合板裸露在外，为地板刷上漆并换上釉面瓷砖。

材料
Materials

打造完美之家
A Modern Way to Live

材料
Materials

新建好的房子就像一张白纸，可以尽情利用自然材料的特性进行设计。比起用灰泥粉刷砖墙，也许什么都不刷会更漂亮。砖，是人类最古老的一种建材，人类早期的那些城市里都有它的痕迹。砖块多孔的质地令人感觉它有生命，即使被粉刷过也能感受到它的呼吸。如果你的房子比较老了，可以试着轻轻地清理掉内墙，除去一层层旧漆，还原墙面原始的美。

鲁珀特·托马斯（Rupert Thomas）以前和我一起在《家居世界》当编辑。他和剧作家艾伦·贝内特（Alan Bennett）住在一个维多利亚早期建成的新月形街道。那条街上的房屋外表都刷成了浅蓝和柠檬黄色，而他们家的外墙已经有些干裂，满是污点和缺损，给人感觉和整条街格格不入。鲁珀特曾和我说，他的邻居们都觉得他们"疯了"。不过，我个人感觉，他们的房子是整条街最好看的。

马特·巴恩斯（Mat Barnes）是坎恩建筑工作室（CAN）的创始人。他和妻子劳拉·杜贝克（Laura Dubeck）住在一栋爱德华七世时期的红砖房里，这栋房子位于伦敦的锡德纳姆。他们对它进行了翻修和扩建，采用的方式也比较极端。两个人特地保留了一些残破感，因为这正是他们当初选中这栋房子的关键原因。厨房和扩建空间之间原有的后墙被保留了下来，整个扩建的区域处在一个"半毁坏"的状态。马特解释道：

> 这个灵感来自电影《猜火车》（Trainspotting）里那面颓圮的墙。残破的墙面不是毫无用处的，在它参差的边缘可以放一些花花草草。我们先把房间里的所有东西清走，看看建筑原来的表面和材料能否继续使用。至于厨房部分，我们把墙拆得只剩下砖，然后简单地刷了刷漆，基本就维持原样不动了，这样是为了与那面摇摇欲坠的侧壁搭配。我们还想营造一种施工现场的感觉，所以把扩建空间的钢结构涂成了红色和白色，模仿施工勘察时用的那种标杆。

如今，我们生产的大多数材料非常光滑，还趋于同质化，缺乏个性。比如强化地板，表面特别光滑还是仿木的，走在上面却会嘎吱作响。哪怕是实木地板也被无情地打磨抛光，看起来像全新的一样。如果房子里原来就有木地板，无论是乔治王时代建筑的橡木地板，还是维多利亚时期的松木地板，或是 20 世纪 30 年代的镶木地板，都不要改变它，让它去受伤，让它去变老，让它讲述自己的一生，不要用打磨机把这些岁月的痕迹磨去。如果木板之间有缝隙，最好不要填上，用地板油或地板蜡涂一涂就可以起到一些保护作用，但别涂太多，别让地板看起来光得跟保龄球球道一样。

想象自己坐在一个老房子里凝视窗外，你能否注意到以前窗户上的玻璃和现在的不一样？我在"光"那一章里讲到，现代玻璃透明性更好，也更加节能。不过，在特定的场景里，旧时纯手工制作的玻璃仍是无法被取代的。手工制作的玻璃需要不断旋转来塑形，精妙得就像爱德华·蒙克的画作一样。

泽利格（Zellige）是一种产自摩洛哥的纯手工制造的瓷砖，采用未经提纯的天然黏土和传统工艺制成，凹凸不平的表面非常具有感染力。它们可能比一般的瓷砖更难铺设，所以即使选了这种瓷砖，你的房东可能也不会感谢你。不过，它们的尺寸和形状都不完全一样，可以给房间带来一些自然的动感。

房子不需要完美，一旦接受了这个观念，我们就会更容易获得快乐。侘寂的精髓就是珍惜你所拥有的东西。哪怕只是在桌腿不稳的桌子上盖一张简单的桌布，从附近的树篱摘来几束峨参花，摆上些不成套的餐具和各式各样的杯子，照样能办成一场不错的晚宴。

有裂痕的陶器不代表它没有任何价值，比如日本人就有一项传承了数百年的技艺——金继。金继技术以生漆和金粉黏合破碎的器具，修补好的器具上会留有一条金闪闪的纹理，光照之下显得更加耀眼。还有，抛光餐具也没有必要，有的餐具没有光泽反倒更好看一些。在这一点上，谷崎润一郎总结得特别到位：

> 东方人在家里一见到闪闪发光的东西就心神不宁，西方人则喜欢用银制、钢制和镍制的餐具，还特地将它们打磨得锃亮。我们东方人就讨厌那种光亮，我们的水壶、茶杯、酒铫有的也是银制的，但不怎么打磨。相反，当物品不再光亮，变得沉滞黯淡，反而会更让我们心生欢喜。虽然这些话听起来有点

像在为自己找借口，但西方人确实会将污垢清理得一干二净，东方人却对此加以保存，甚至美化它。无论如何，我们的确喜爱带有污垢、油烟和风沙雨尘痕迹的东西，从它们的色彩和光泽中，我们能联想到它们的过去。

保留原始材料

佗寂提倡简单、朴素，提倡悦纳事物的本真，明白了这一点，就能理解为什么在建筑设计中应尽力保留原始材料了。这个道理放在老建筑上更好理解，比如看到一个有着典雅石板和精美檐口的18世纪庄园，人们当然想要将它原原本本地保护起来。在英国，英格兰历史建筑和古迹委员会专门负责保护这些珍贵的建筑，大多数国家也有各自的管理体系。但对那些建成不久的建筑该怎么办呢？对那些没被登记在案、也应受到保护的建筑又该怎么办呢？在我看来，哪怕是最平庸的房子也有一些可利用的原始材料。打造一个家和熬汤类似，壁炉、门把手、镶板、窗户和栏杆这些装饰性的原始材料就和大蒜、香料和鲜葱的作用一样，没有它们，我们尝到的就是一碗寡淡无味的清汤。

无论是哪个时期的住宅，我们都应该尊重它的设计初衷，扪心自问一下，这座建筑它自己想要什么改变。利用原始材料显而易见是有利于环境的，对损毁多年的天然材料进行修补也能还原建筑本身的特点。买房和租房的时候，我们往往会忍不住把上一个住户的痕迹全部清除。的确，自己的家应该有自己的风格，但大动大改前要三思而行。如果可以，建议你在动工前先保持原貌住上一段时间。刚搬进去时，你可能觉得那个木地板有些老旧，但没准儿慢慢地你的想法就变了，开始觉得光脚踩在上面很暖，或者感觉它十分耐用，能承受住日常的来来往往、忙忙碌碌。铸铁的暖气片可能会略咯作响，散热也不好，但它们承载了这个地方的历史，或许将它们修理一下就没那么糟糕了。使用原有的家具还有一大好处，就是让我们没有那么大压力，不用花费过多精力保养它们，毕竟它们已经被用了那么久，坏了就坏了吧。

老材料承载着许多故事。我们曾经出售过一套由维多利亚时期的一间肉铺改造而成的小公寓，风格非常特别。原来房屋前方的销售区被改成了厨房，保留了原来的大理石柜台、可怕的挂肉钩、磅秤和一条新艺术派的瓷砖饰带。屋子靠里边的旧木质付款台现在也成了一间特别的书房。

伊索肯公寓（Isokon Building）位于汉普斯特德，我们曾将这里的一套顶层公寓卖给了汤姆·布劳顿（Tom Broughton）——Cubitts眼镜公司的创始人。这套公寓的外形和它于20世纪30年代初建成时并无二致。它的设计师杰克·普里查德（Jack Pritchard）曾是盥洗室设计公司Venesta的销售员。当时，人们普遍认为胶合板不如实木，但他在装修这套公寓时运用了胶合板，挖掘了这种材料的美学潜力和建筑潜力。镶板墙、棋盘格地板还有大部分原有家具都采用胶合板制成，纹理非常好看。整座公寓后来被列为一级保护建筑，实属不易。房主汤姆说：

> 这套公寓原来有一些洞，我用来挂画了，效果很好。以前的住户曾在这里钉了一个挂钩，然后挂了一幅画，没准儿这画还是本·尼科尔森（Ben Nicholson）的呢！生活在这里，你会特别在意房子的每一个角落，在意它的每一处设计细节，在意它的每一块材料。渐渐地，你会和它们建立起特别牢固的关系。我之所以喜欢这套公寓是因为我感受到它不受时间的侵扰，也因为它所代表的意义：20世纪20年代晚期和30年代早期的时候，人们非常乐观，有革新和挑战现状的理想。来自包豪斯的建筑巨匠们，包括瓦尔特·格罗皮乌斯、马塞尔·布劳耶和拉兹洛·莫霍利－纳吉（László Moholy-Nagy）以及英国作家阿加莎·克里斯蒂（Agatha Christie）和一些历史上的俄罗斯间谍都曾在这里住过。我不是故意夸张，但住在这里确实就像住在一件艺术品里，感觉自己根本不像住户，而像是一位博物馆馆长。

最近几年我参观过的房子中，给我震撼最大的是艺术家休·韦伯斯特（Sue Webster）的家，材料在她手里就是一种叙事工具。韦伯斯特在德·博瓦尔镇偶然发现了一座维多利亚时期的别墅。别墅大门两侧均设有主窗，四周立着粗糙的围墙。她打听到，房子的前主人从20世纪60年代开始就疯狂地在这里挖掘隧道和地洞，甚至连路面都因此塌陷了。最终，当地市政部门把这位"哈克尼区的鼹鼠人"（Mole Man of Hackney）驱逐出去，还清扫出30吨垃圾，其中包括三辆车和一艘船，然后用加气混凝土将地洞填了起来。前房主把地洞挖得很深，最深的地方甚至达到了地下水位。韦伯斯特和建筑师戴维·阿贾耶决定像考古发掘一样设计并改造这里，对地洞、隧道以及市政部门粗暴的填埋痕迹都加以清理。虽然这座建筑的材料质地已然非常丰富，但在此基础上，她还是干净利落地加上了一层水泥，让它更具现代感。整座别墅的外观就像一个破旧的地堡，外墙的灰泥七零八落，四周散落着砖块，大门也破旧不堪。这种风格倒也符合韦伯斯特放荡不羁的气质，毕竟她可是给自己亲儿子起名叫"蜘蛛·韦伯斯特"的非凡妈妈。

西班牙建筑师里卡多·波菲（Ricardo Bofill）也用了类似的方式，把巴塞罗那附近一处废弃的水泥工厂改造成了家庭住宅和工作室。大多数建筑师遇到这样的房子会将它整个拆除重建，但波菲致力于让这处占地 31 000 平方米的巨型工业遗址重焕生机，他竭尽全力地将其改造成一个引人入胜的现代生活空间，并以此为一生的使命。

即使没有这么宏伟的目标，没有这么充沛的原材料，我们依然可以向休·韦伯斯特和里卡多·波菲学习，学习这种保护原有建筑环境的理念，尽量利用原有的材料，避免将它们推翻重建。我们应该保持谦卑，尊重不同房子、公寓或房间的具体情况，悦纳它们本来的面貌，而不是与之"对着干"。

平面设计师埃米·亚兰（Amy Yalland）就完美地做到了这一点。她把奥克兰的一家制造厂改造成了一座令人惊艳的住宅。刚开始，房子就是工地上的一个空壳，旁边紧挨着一个食品包装公司。不过，她还是被这座建筑的体量所吸引，因为它占地面积超过 2 000 平方米，天花板高得能装下一个樱桃采摘机。经过简单的修缮，房子里留下的"工业遗产"变废为宝，连卷帘门和变形的水泥地板也都保留了下来。这种实用主义的美学风格虽然不是每个人都能接受的，但是，在地价如此高昂且局促的城市里，人们总是需要一个落脚处。埃米解释道：

> 在主空间的水泥地板上，我保留了之前每个房间的布局痕迹，记录下了这片空间的历史。夹楼上以前有几间双层通高的房间，我把它们全部打通，包覆了一层从当地木材厂找来的蒙特利柏木。此外，房子里特别需要一些储藏空间，所以我设计了一系列胶合板家具，一些做成了嵌入式，当作食品储

材料
Materials

藏柜、洗衣柜和橱柜；还有一些加装了滑轮，放在书房用来收纳材料、纸张和书籍。

改造一个工业建筑时，我们不妨花一些时间考察一下房子之前的布局规划，看看哪些材料还能继续使用，尽可能地保留一些"原汁原味"。试着找一些老照片，查一查当地规划档案或者和当地的老住户们聊一聊。此外，地板和窗户同样无比重要。空间设计师卡洛·维肖内（Carlo Viscione）在改造伦敦森林门区一座20世纪30年代建成的学校大楼时，就特别注意到了这一点：

> 我们保留了原有的楼梯井和镶木地板。在大楼四周，之前这些地方放了一些工作台，还铺设了瓷砖来保护地面，我们将这些瓷砖也保留了下来。我们还在窗户上下了很大功夫，想让它与那个时代的建筑风格相吻合。之前的窗框都是塑料的，一楼有扇大门，只有学校以前的管理员能进，挨着门有一扇钢窗。我们便以此为参照，制作了一些新的窗户。有些人会花大价钱装修厨房，不过，我更愿意把钱花在窗户和房屋的结构上，使空间得到更充分的利用。

改良现代住宅时，这种保护主义的方法同样奏效。这些年来，我们售出了上百套装修便利的市建地产（council estates）公寓，尤其是位于卡姆登区的公寓。在20世纪60年代到70年代之间，在建筑师悉尼·库克（Sydney Cook）的带领下，戈登·本森（Gordon Benson）、艾伦·福赛思（Alan Forsyth）、尼夫·布朗（Neave Brown）和彼得·塔博里（Peter Tabori）等建筑师在这里构想出世界上最具革命性的社会住房。"购买权"（Right to Buy）[①]政策出台后，很多人都在这里购置了公寓。现在，这些房产的价格都非常高昂，而那些依然保有原始设计的公寓最受追捧。

---

① 购买权是一项撒切尔时代提出的购房政策，赋予地方廉租房租户以很大折扣购买市建住房的权利。——译者注

材料
Materials

155

萨姆·特纳（Sam Turner）和内莉·特纳（Nelli Turner）设计的亚历山德拉路住宅（Alexandra and Ainsworth Estate）也是个绝佳案例。这个前卫的现代主义住宅位于富裕的圣约翰伍德街区，这个街区的房子周围错列着水泥露台，旁边的人行道紧挨着铁路。夫妻二人费了很大力气才把这个住宅修缮成它建造之初的样子。他们介绍道：

> 我们几乎把住宅的所有地方都修整了一遍。原来的楼梯栏杆没有换，但我们用淘来的伊罗科木制作了楼梯台阶，并且参照楼外的楼梯设计，把台阶两角切去了一部分。我们还把栏杆涂成了黑色，因为我们找到了一些老照片，照片上的栏杆用的就是这个颜色。以前地板用的是亚麻油地毡，所以我们直接铺上了辛克莱蒂尔（Sinclair Till）地板公司的新产品。改动最大的是厨房和浴室，因为我们想把原有的室内瓷砖换新，最终找来了一些工厂和游泳池里常用的瓷砖。卧室的衣柜和原来一样，保留了原来的拉动式玻璃嵌板，拉上后就可以减弱火车传来的噪声。

克里斯·伯克（Chris Burke）和苏珊娜·伯克（Susannah Burke）住在萨福克一座20世纪60年代建成的现代住宅里，这是一座二级保护建筑。他们当初对它进行改造时，同样尊重了这座建筑的设计者——伯金·霍沃德（Birkin Haward）原有的设计。当时建这座房子时，不像现在对环保资质的要求那么严格，所以，霍沃德运用的材料其实更适合商用建筑，不太适用于住宅。因此，伯克夫妇在进行改造时，在保护建筑相关规定允许的范围内，尽可能让它更符合环保标准。克里斯介绍道：

> 原来屋里特别冷！大部分的松木板墙和灰泥墙都没有隔热层，外层的隔热也远远不够。很多窗户都是单层玻璃，所以，原来燃油锅炉的采暖系统基本就是往大气层上送暖。我们不得不加装隔热层，让这里更宜居、更环保一些。一开始，我们装了一个高度隔热的屋顶，然后更换了167个定制的密封窗，实在是太不容易了！毕竟，当时我们家里还有学龄儿童，我至今还记得

那个特别潮湿的秋天！进入装修的第二阶段，我们把整个房子都清空，并花了半年时间安装电线，铺设管道，外加一个空气源热泵供暖系统。从屋外看，改装后和之前并没有什么不同，整座建筑还是坐落在树林中一个隐秘的小空地上。但我们在建筑后面新铺设了一个大露台，并用大扇拉门隔开，扩大了室内外的生活空间。

材料
Materials

打造完美之家
A Modern Way to Live

材料
Materials

材料与健康

　　人类在农业社会里已经生活了数千年，早就学会了从天然材料中获得舒适感和慰藉。比如，人们很喜欢被羊绒毯包裹着的那种温暖的感觉，也很喜欢木质小桌那种精致与安全感。阿尔瓦·阿尔托曾说："我们应该追求那些简单、优质、朴素的，与人类和谐共存的，以及适合芸芸众生的事物。"阿尔托出生在森林与湖泊遍布的芬兰乡村，天生就能体会到大自然的神奇力量。1933 年建成的芬兰帕伊米奥结核病疗养院（Paimio Tuberculosis Sanatorium）正是出自他手。阿尔托想要打造一个"疗养工具"，所以，整个建筑没有高功率灯具，并且运用自然通风系统，采用让人感到放松的色调，家具也改用温暖的、适合老年人使用的木质家具。阿尔托考虑到疗养院需要保持干净、整洁。于是，他为每位病人安装了自己的洗手池，形状也经过了特殊设计，水流打下来时不会发出一丁点儿声响。他还为帕伊米奥结核病疗养院设计了扶手椅，靠背可倾斜至一定角度，这样可以帮助病人打开气道，从而更加顺畅地呼吸。

　　在设计中，我们常说某个建筑有"简练的线条"，指的是建筑本身体现出的直线性的、体量明晰的美学效果。但是，这种表述在卫生健康方面的内涵却少有提及，值得人们深入探讨。比如像阴影间隙和齐平橱柜等还原主义的设计元素，要比造型华丽的踢脚板、门框和线脚更不容易积灰。维多利亚时期的人们就特别关注室内的材料是否有利于健康，还专门发明了便于清洁的壁纸，像阿尔瓦·阿尔托这样的现代主义者甚至将住宅设计中的卫生标准上升到了医院的水平。

　　在阿尔托建造疗养院的一个世纪后，一场新冠肺炎疫情席卷了世界。人们比以往更加清醒地认识到卫生及健康的重要性。如今，人们对家中使用的材料有了更高的要求，不仅要好看，还要用得舒服，同时还得无污染、无毒性。在"与住宅握手"一节中，我们谈到每开一次门都是与家的一次握手。可现在，我们连握手都要小心翼翼，因为病毒就是通过无数次握手传播的。越来越多的人要求设计师选用按压门或脚感应门，以便减少病菌传播的可能。这样看来，我们还需要门吗？有的人认为，开放式生活也是一种卫生的生活方式，一扇门也不用装，还有利于通风。

讲到卫生，厨房和浴室常常是家里产生卫生问题的"重灾区"，所以，这些地方的选材极其关键。污垢会在各种缝隙及角落里不断堆积，所以，使用统一的材质会更卫生一些，给人感觉也更宽敞、更舒心。像大理石和釉面陶砖等自然材料会散发出一种柔和的光泽，还非常便于清洁。

铜，包括耐蚀的黄铜合金、青铜和白铜，都有天然的抑菌属性。细菌、病毒和真菌都无法在它们光滑的表面上附着，因此，最适合用在常用的厨浴家具上。铜还是人类使用最久的金属。古埃及的医学著作《艾德温·史密斯纸草文稿》（*Edwin Smith Papyrus*）中描写了人们如何用铜给饮用水消毒和处理伤口的场景。古希腊人、古罗马人和阿兹特克人也都用铜来治疗头痛、耳部感染等各类疾病。到了 19 世纪，人们发现炼铜工人们好像对霍乱免疫，于是，人类对铜的医学作用愈发重视。如今，在住宅中使用铜更为合适，因为新冠肺炎病毒能在不锈钢和玻璃表面存活数天，而在铜的表面只能存活几小时。

在浴室里装两个洗手池和水龙头可能会比较奢侈，但的确可以减少病菌的传播。我们平时把手伸到沙发后面去捡掉落的硬币时会发现，软装就是饼干渣和宠物毛的"储藏室"。所以，应该选择罩子可清洗、垫子可拆卸的家具。费伊和我有一对杰尔瓦索尼牌（Gervasoni）的幽灵沙发（Ghost sofas），是由意大利建筑师和设计师保拉·纳沃内（Paola Navone）设计的。乍一看，你会情不自禁地感叹，有孩子的家庭还敢选择这种浅色沙发可真是英勇！不过，我们买了两套沙发罩，这样方便清洗替换。

也许是因为代沟，我爸爸每次来我家，都不明白为什么我们要让他换鞋。可当你有两个穿着尿布整天在地上跳舞的双胞胎时，就会非常在意地上有没有泥点和越滚越多的绒絮。买个鞋柜放在大门口绝对是超值的！假如你脚冷[①]的话，不管是字面意思上的脚冷，还是比喻意义上的，不妨买一双格纹拖鞋。如果房子大的话，可以在最常出入的门口处设一个靴室，用来存放脏鞋，挂放潮湿的外套，还能给小狗擦擦身子。如果有个洗手池就更好了，以便我们到家后可以先洗个手。

---

① 英语中 get cold feet 的字面意思是脚冷，喻义是（因害怕或紧张而）临阵脱逃。——译者注

材料
Materials

打造完美之家
A Modern Way to Live

162

近些年来，我们越来越在意室外的空气质量，但对室内的有害气体和颗粒物却少有关注。其实，我们忽略了一个极其重要的事实——我们一生中所呼吸的空气多半是家里的空气。室内空气的污染源有很多，从化学清洁剂到入侵的湿气，从二手烟到有毒的建筑材料。这些对有基础疾病的人危害更大，尤其是患有哮喘和肺病的人。小孩子的肺部仍在发育，因此，更容易受到污染的影响而患病。据世界卫生组织的数据，在五岁以下儿童因肺病致死的案例中，超过50%的孩童最初患病的原因都与室内空气污染有关。其实，不管是儿童还是成人，长时间处在被污染的空气中，都会增加患呼吸道疾病、心脏病、癌症和中风的风险。

格伦·亚当森讲过一个令人震撼的故事——美国国家航空航天局（NASA）曾开展过一项实验，让人类去到一个完全与外界隔绝的模拟生命支持舱内生活。这不禁让人想到《火星救援》（*The Martian*）这部电影里的场景，在电影中，演员马特·达蒙（Matt Damon）饰演的角色为了生存，尝试用自己的粪便种土豆。那次实验共选出六位宇航员，他们需要在没有氧气、水源和任何外部资源的生活舱里生存下来。实验非常顺利，他们一行人在生活舱里坚持了八十多天，打破了之前人类在与外界完全隔绝的情况下连续生存天数的记录。一直负责监测他们健康状况的后勤人员亲自印了T恤来庆祝这个里程碑式的胜利，还通过气阀把T恤送进了生活舱。但后来发生的事情震惊了所有人。在衣服被送进去不到24小时的时间里，宇航员们此前要种来吃的植物全部枯萎了。他们花了好长时间才明白到底是哪里出了问题。原来，T恤上熨烫的贴纸往空气中释放了甲醛，尽管甲醛含量极少，却足以打破生活舱内生物圈的平衡，实验就此结束了。

我们周围的物体无时无刻不在向空气中释放物质，就像圣诞老人一样来无影去无踪。虽然很多物质都是无害的，可是，在添置新材料或破坏了原有材料后，情况就可能会变得越来越危险。如果家里正在装修，我建议你就不要住在家里了。尤其是亲自动手改造家装的人，如果不方便离开，也要保持房子通风，选用一些甲醛和挥发性有机物含量低的产品。

二十几岁时，我还在斗志昂扬地改装我的第一间公寓。那时，我下午最快乐的事情就是在头上绑一块大手帕，一边在收音机上听板球比赛，一边拿着一个滚动油漆刷刷墙。不过，刷完油漆之后的头痛就没那么令人快乐了。鼻子可不会骗人，新装修的房间里如果有刺鼻的味道，就代表很多化学物质释放到了空气中。涂料里有特别多的有害溶剂，尤其是光泽涂料和蛋壳漆这种油基装饰涂料。所以，在比色卡中选择自己喜欢的颜色之前，可以先做些调研。比如珐柏（Farrow & Ball）品牌的产品就全部是水基涂料的，室内设计师爱德华·布尔默（Edward Bulmer）会用亚麻籽油、白垩和泥土制作涂料，瑞士的科技涂料制造商 Airlite 发明了一种净化空气的涂料，能够吸收污染物。

通铺地毯也是一个巨大的污染源。地毯上的乳胶背衬和黏合剂在启用之后的很多年里，都会继续释放有害气体，其实，这正是我们熟悉的新地毯的味道。所以，不妨换成小地毯，分层铺放，同样可以消音、增加舒适度，想要有些改变的时候也方便随时更换。

此外，你要养成良好的习惯，勤开门窗，增加一些排气扇、涓流通风口和吊扇等，加快空气的置换速度。你还可以使用室内空气净化器以及一些天然的清洁产品，我也建议购买一些氡气测试盒。氡气是岩石和土壤中的铀衰变产生的一种天然放射性气体，吸入过量会引发肺癌。不过，要减少家里的氡气含量也不是没有办法。

希娜·墨菲（Sheena Murphy）是努内（Nune）室内设计工作室的创始人，也是一位热衷于打造健康生活空间的新一代设计师。她介绍道：

> 如果不确定该使用哪种材料，我们会尽量避免使用含有毒物质、大批量生产的产品，避免让这些材料在人们的家里释放有害气体。选择一种材料时，我们会考虑制造这些材料的人是谁、原材料从哪里来、生产条件如何、材料制作者的年龄等一系列问题。这个问题就慢慢上升到了道德层面。我们不会盲目追求大品牌，而是会选择一些本土小品牌，支持那些真正在乎选材过程和材料本身的人。

总之，住宅设计的一个大原则就是能用天然建材的地方都用天然建材，不要涂层、

材料
Materials

胶黏剂或化学加工。以原木建材为例，雪松就是一种无毒且天然防腐、防虫害的材料，可以用来做外墙、室外地板和细木家具。陶土也是一种健康的建材，但较为少见，可代替传统的石膏灰泥。陶土不仅可以除臭，还可以除湿，帮助室内维持适宜的湿度，避免滋生霉斑和真菌。建筑师西蒙·阿斯特里奇与专业陶艺公司陶技（Clayworks）曾合作在他北伦敦的家里，将陶土与稻草秆混合涂抹在墙上，用这种方法砌成的墙壁在日本被称作"荒壁"。"荒壁"的质地美观，氛围感十足。他解释道：

> 生活区的墙壁抹着灰绿色的陶土涂层，目的是模仿伦敦典型的阴沉天气。墙面的颜色会和室外的云朵相互融合，把你的视线吸引到远方。家中其余的地方都遵循以人为中心的设计理念，能让人体会到感官上的愉悦。为了实现每个区域的不同功能以及满足住户对每个区域的不同期待，我们专门选用了不同的材料。门厅和公共区域，我们采用榻榻米风格的黄麻地垫，既舒适又温暖，脚感也特别柔软。衣物间的墙壁和天花板用木材包覆，和浴室里用的玄武石形成强烈对比。往返于这两个房间还需要跨过一道门槛，进一步划分了不同空间的特定用途，提升了整体的居住体验。

泰德拉克（tadelakt）是一种天然无毒性的灰泥，和陶泥很像，它能让物体表面焕发生机，显得质感更好。泰德拉克由石灰石膏制成，石灰石膏经过夯实、抛光，并用橄榄油肥皂处理后，具有防水的性能，特别适合用在浴室里。这种材料是摩洛哥的一种传统建材，一般添加深红色的颜料，不过，也可以添加各种各样标新立异的颜色。费伊和我在海格特的房子的浴室里就运用了泰德拉克，我们甚至连柜子门都涂上了它，让柜门表面形成一种无缝的效果。只可惜，有一个柜子我们用得太频繁，以至于它的表层已经开始剥落，只能重新修补，可修补完也和以前大不一样了。所以，我建议，这种材料还是不要在墙面拐角处使用了。

材料
Materials

材料与环境

　　火车慢慢行驶在去往国王十字火车站的路上，车厢里睡眼惺忪的通勤者凝视着窗外，酋长足球场从眼前掠过，失败的建筑开发项目散落在各处。最终，铁路线旁的一座建筑吸引了通勤者的目光。这座建筑有一面巨大的沙袋墙，墙上开设的小窗户就像古时候建筑上的射箭孔，只不过是现代版本的。这座建筑虽然看起来像一位内心受创伤的退伍军人建的堡垒，实际上却是伦敦最具实验性的私人住宅之一。它建成于2001年，出自建筑师萨拉·威格尔斯沃思（Sarah Wigglesworth）和杰里米·提尔（Jeremy Till）之手，杰里米·提尔曾是中央圣马丁艺术与设计学院的院长。这些沙袋里装满了水泥，很好地吸收了火车发出的噪声。经过这些年的风吹日晒，沙袋已经慢慢地破裂开来，像数百个穿着小号T恤的人勒出的啤酒肚一样。

　　如果你来这里参观，首先映入眼帘的就是住宅的正门，柳条栅栏环绕在镀锌钢框架上，古今融合的建筑风格就此拉开序幕。萨拉的建筑工作室看着像裹了条毯子一样，与附近公司大厦的钢筋水泥有些针锋相对的意味。这条"毯子"实际上是表面覆有硅树脂的玻璃纤维，还加了绝缘层。穿过鸡叫声环绕的庭院，你就能发现另一种不寻常的建筑材料：草捆。稻草便宜、易于安放、隔热性能好，在建筑中已经使用了数千年，这座房子因此得名稻草屋（Straw Bale House）。这些半米厚的草捆是从一位农民那里弄来的，体现了萨拉和杰里米在建筑设计中的独创性和传承性，他们也想汲取老一辈的智慧，重拾那些被遗忘的设计。

　　最近的二十多年来，他们这种环保的建筑方式似乎已经司空见惯，但在当初，可持续性建筑设计还处于发展初期，认同者并不多，这对夫妇便成了当时的先行者。由于媒体铺天盖地的报道，还因为他们参与了电视节目"宏大设计"（Grand Designs）第一季的录制，公众对可持续性住宅的看法由此改变。随着以生活方式为导向的建筑设计不断冲击着时代思潮，这座位于伊斯灵顿中部的田园生态之家开始登上各大杂志的封面。萨拉说：

我觉得关于建筑的可持续性，很重要的一点就是它能给人一种幸福感、归属感、享受感和呵护感。你要是不爱这座建筑，便无法对它产生这种感情。如果你不重视所处的环境，也就无法和环境建立起联系。到了夏天，阳光会透过树叶将斑驳的光影照进这个地方，美轮美奂，我认为这也是可持续性的一种体现。总的来说，这是一个异常美丽的居住空间。

虽然觉醒较晚，但现在社会各界终于开始认真地对待气候变化，零排放建筑将不再是个例，反而会变成稀松平常之物。

我们在设计和装修房子时，都应该有意识地采用可回收、可再生的材料。另外，房子的规模也要适当，能满足我们的基本需求即可。

除了草捆，农家庭院里还有另一种可持续的绝缘材料：羊毛。这种天然吸湿纤维能吸收空气中的水分，同时释放热量。将羊毛用在墙壁、天花板或屋顶，有助于防止能量流失，减少碳排放，降低取暖成本。你的家和你一样，都会感觉到冷，所以，你也得给它买"厚毛衣"和"毛线帽"，这钱花得肯定不会亏。

羊毛可以买到成卷的，也能买到其他类型和大小的。和合成材料比，羊毛的易燃性要低得多，"寿终正寝"后还能回归土壤，在土壤中快速分解为养料，输送回大地。当然，羊每年都会长出新的羊毛，所以，这种纤维来源是可再生的。羊毛甚至得到了英国皇室的认可与推广，威尔士亲王就曾发起一场羊毛运动（Campaign for Wool），得到了广泛支持与称赞。

还有一种常见的环保材料是软木。软木本质上可再生，因为它是唯一一种能再次长出新树皮的树。软木防水、轻便、绝缘性能好，是理想的绝缘材料和地板材料。软木带着一种复古的美感，包括我在内的一些人觉得这种美很迷人，但也有些人觉得它有点吓人。

在西伦敦的前英国广播公司电视中心，设计师贝拉·弗罗伊德（Bella Freud）在她设计的样板房的墙上就覆盖了软木砖，赋予它自然之美。她还在墙上挂了一些艺术品，彰显它的艺术之美。

材料
Materials

169

打造完美之家
A Modern Way to Live

材料
Materials

软木的一个主要优点就是能够吸音，这样一来，房间里的声音就像录音室里的一样变得闷闷的，让人感到安心。有一个著名的应用案例：法国作家马塞尔·普鲁斯特（Marcel Proust）曾用软木来装饰他位于奥斯曼大道的公寓卧室的墙壁。的确，可持续性天然材料的奇妙之处就在于它能够调动人类的全部感官。我家洗手间的地上铺着一层蒲席，它散发出的柔和气味能够滋养平常被我们忽略的嗅觉。

Rush 一词在英文中意为"匆忙"，实际上，这个词用来形容蒲席[①]不太准确，因为蒲草的收割过程缓慢而有序，已经有几百年的历史了。费利西蒂·艾恩斯（Felicity Irons）是一位技艺精湛的匠人，在夏天的几个月里，她会在大乌兹河一条长五米多的平底船上，和一大家子人一起用大镰刀割水草。割好水草之后将它们运回农场，让它们靠着树篱自然晒干。一切就绪后，费利西蒂就会动手把水草编成近一米长，然后用黄麻线将它们缝在一起，做成一张张垫子，或做成定制的全尺寸地毯。她甚至效仿前人的做法，将薰衣草、甘菊、青蒿等草本植物编进去，使其散发出淡淡的夏日清香。

未来，竹子也可能成为用来建造房屋架构的一种可持续性材料，因为竹子的抗拉强度比铁高，抗压强度比混凝土高。在中国香港，人们会用竹子搭脚手架，由于其重量轻，搭建起来比钢铁快。只要你在花园里种过竹子，就知道竹子的生长速度有多快，有时一天能长高近一米，而且竹子的根和根茎会不停地疯长，生命力极其顽强，坚不可摧。我们还有其他稀奇古怪的选择，包括钢尘混凝土（Ferrock）、木混凝土（Timbercrete）和汉麻混凝土（Hempcrete）等。钢尘混凝土由可回收钢尘和磨碎玻璃中的硅组成，木混凝土本质上就是木屑和混凝土的混合物，而汉麻混凝土是大麻类植物的内部纤维。

优质的老式木材比较常见，因为它们相对容易获得。与混凝土、钢材等材料相比，老式木材确实有许多优势。它纯天然、可再生、可回收、无毒害、热工性能好，是内含能最低的建筑材料，而且经证实，木材可以起到镇静人类神经的功效。在《国际环境研究与公共健康期刊》（International Journal of Environmental Research and Public Health）刊登的一项研究中，参与者被要求将手放在一系列不同的材料上，包括大理

[①] rush 一词作名词时意为匆促、急流、灯心草，可意译为蒲席。蒲席的准确英文写作 rush mat。——编者注

石、不锈钢和白桦等。结果发现，比起其他材料，触摸木材能够减弱人类大脑前额叶皮质中的活动，诱发副交感神经的活动，达到一种生理上的放松状态。

就耐火性来说，正交胶合木（CLT）这样的现代衍生品要比传统木材好得多。正交胶合木由多层垂直正交的木材黏合成板，施工效率高，也适合较小的房基。正交胶合木带来的环境效益虽然仍在争论中，但它比钢材和混凝土的碳排放量更低，在工地上产生的废料更少。此外，正交胶合木在室内可直接使用，能够最大限度减少对石膏板、垂吊式天花板、檐口和踢脚板等装饰材料的需求。

固雅木（Accoya）是另一种改良性木材，以其耐用性著称，使用寿命长达50年。只要小时候玩过板栗游戏①的人都知道，把板栗放在醋里蘸一蘸，板栗就会变得几乎坚不可摧。固雅木的生产过程也类似，其原料是可持续性利用的软木，经乙酸酐处理后，就会变得像热带硬木一样耐用。

另外，用砖也不错。早期的许多城市都是用砖建成的，比如美索不达米亚的乌鲁克城，于约六千多年前建成。砖是由泥土、水、火铸成的，用地球的这三种基本元素当建材自然站得住脚。而且，《三只小猪》这个故事表明，砖是持久性最强的材料，即使大坏狼把砖房吹倒了也无妨，因为砖完全可以循环利用。从花园围墙到新建房屋，再生砖随处可见，它有一种新材料无法复制的沧桑之美。

在威廉·霍尔（William Hall）所著的《砖》（Brick）一书的序言中，建筑历史学家丹·克鲁克香克（Dan Cruickshank）写道：

> 与许多其他的建材不同，砖是会呼吸的，其细胞结构是开放的，还能防风，这也是为什么砖是理想的住宅用料。砖的隔热性极佳，有助于在炎炎夏日保持室内清凉，在严寒冬日保持屋内温暖。砖的保温性能也很强，因此，还能用来蓄热，帮助房间升温。

---

① 板栗游戏（Conkers）是英国的一种传统游戏，两个游戏者相互敲击时使用的七叶树属植物的果实就叫conker。——译者注

材料
Materials
———

173

打造完美之家
A Modern Way to Live

建筑师路易斯·康就是一位"用砖魔术师"，他用砖打造了一座座拥有废墟般庄严感和永生感的伟大建筑。路易斯·康曾是耶鲁大学的建筑学教授，之后去了宾夕法尼亚大学任教。他总戴着一个蝴蝶结领结，头发偏分盖在伤疤累累的脸上。如果学生找不到灵感，他就会建议他们倾听建筑材料的声音，从材料的自然属性中找到方向。他曾这样告诉学生：

> 你可以对砖说："砖，你想要什么？"砖回答："我想要一座拱桥。"你告诉砖："我也想要一座拱桥，但那太贵了，我可以做一个混凝土过梁，你觉得怎么样呢？"砖答道："我还是想要拱桥。"

芬兰建筑大师阿尔瓦·阿尔托也特别热衷于用砖，比如他在芬兰的穆拉萨洛建造的实验屋（Experimental House），用了五十多种方式铺砖。在这座富于变化的夏日度假屋里，他可以像孩子堆积木一样，在房屋表面尽情创作图案和网格，同时检验砖在严酷气候下的表现。

2014 年，我们出售了伦敦东南部德特福德市的一处砖房，这处砖房由 DSDHA 工作室的建筑师设计。客户杰弗里·菲舍尔（Geoffrey Fisher）是一名艺术史学家，非常尊重环境和城市的历史结构。他每天从图书馆回家的路上，都会走到泰晤士河，沿着岸边溜达，看到好的废弃砖块就捡起来，装进背包里带回家。这个习惯他坚持了几十年，收集了大量砖块，这为他建造令人回味无穷的新房奠定了基础。想买房的人都清楚，这样一座建筑有多么动人！最后，它的成交价比同一区域、同样面积的房子的均价高出了 58%。

法国欧特里沃的理想宫（Palais Idéal）和杰弗里·菲舍尔的砖房很相像，是热爱、工艺与爱的集合。理想宫出自邮差费迪南德·舍瓦尔（Ferdinand Cheval）之手。有一天，他送邮件时被一块石头绊倒，这颗奇形怪状的石头让他想起了自己曾做过的一个梦，梦里他为自己建了一座怪诞的城堡。费迪南认为这是来自上天的暗示，于是，在此后的 33 年里，他独自在花园里拼凑出一座非凡的娱乐宫殿，挑灯夜战对他来说也早

材料
Materials

已是家常便饭。他没受过任何建筑培训，灵感都源于大自然、明信片、早期的杂志插图和自己的想象。

就地取材能降低运输中隐含的环境成本，确保材料在美学层面上与周围环境相协调。因此，所有建筑的基础建材都应取自当地，特别是那些融入了当地民俗风格元素的建筑更应如此。我曾买下一座建于19世纪、位于汉普郡的南唐斯国家公园的房子，建材选用了汉普郡的石头和当地河流里的鱼骨。建筑材料也在营造一种地点感①，就像人们提到爱丁堡就会想到砂岩梯田，提到北诺福克郡就会想到砖和燧石建成的村舍。

日本建筑师坂茂的作品的最大特点就是它的用料。小时候，他的父母对家里的房子进行了几次扩建，坂茂会捡起木工留下的边角料做火车模型。后来，他学会了如何将纸管用作建筑材料。1995年，日本阪神大地震后，三十多万人流离失所。于是，坂茂建造了临时收容所——纸木屋（Paper Log House）。他用纸管做墙，用装着沙袋的啤酒箱当地基，这些箱子还是人们捐助的。这座建筑成为低造价、环保型应急建筑的范本。在接下来的几年里，坂茂以纸为原材料在海地、卢旺达等地进行了住宅项目的建设。

当然，适合临时性建筑的材料不一定适合私人住宅。在这个瞬息万变的消费主义盛行的社会，我们最应明白的就是在选择建筑材料时要有长远的考虑。阿加莎（Agatha）和罗伯特·艾普尔顿-萨斯（Robert Appleton-Sas）在改造他们在布里斯托尔的维多利亚风格的公寓时，没有定做现代式厨房，而是将已有的家具组合起来。罗伯特解释道：

> 搬进新家后，不用非得继续使用厨房以前的摆设，要是厨房里哪件家具不喜欢，不用扔掉，只要放到别处重新组合或卖掉即可。在我们家，物品的使用寿命很重要。如果我们决定改造厨房，可以把碗柜搬出来，放在卧室里

① 地点感（sense of place），该概念较早见于地理学领域，是指某个特定人群或个体对某一地方的特殊而真实的感受。——译者注

用。无论是办公室里的东西还是我们其他储物的家具，都可以换个地方接着用。

为了保护地球的生态环境，我们所有人最好都去购买寿命长的材料。就像在投注站，圆珠笔比钢笔更容易被人用完随手扔掉。同理，塑料椅子比天然材料做成的椅子消耗率更高。

家需要随着我们生活的变化"有张有弛"。我和阿尔伯特刚开始经营现代住宅公司时发现，我们运营模式的主要缺陷是老客户相对较少，因为我们的客户都不经常搬家。他们意识到自家住宅是独一无二的，珍视住宅给生活增添的意义。

有时，"有张有弛"意味着调整空间、改变材料。萨拉·威格尔斯沃思和杰里米·提尔的例子再一次为我们做了示范，他们决定在稻草屋里共度余生。杰里米说：

> 所有的研究都显示，人们如果住在自己家，拥有自主权和创造性，那么，寿命会更长，生活也更快乐。我们可不想在生命的尽头被送进养老院。

萨拉接着说：

> 对于住在家里、喜欢自己家的人而言，我的建议是尽早适应自己的家。人人都会变老，我们要直面这个现实，让自己的家适应自己年龄的变化。

这样的想法对于萨拉和杰里米来说，意味着家里要发生一系列变化。比如改用电炉盘来免去忘关煤气的担心；把烤箱放高点，省得弯腰；在一楼的卧室区一侧建一个独立于主屋的"迷你公寓"，以备不时之需；还有把快用坏了的硬件换下来，换上新的、性能更好的。杰里米开玩笑地抱怨着："我们花了这么多心思，到头来大家只注意到我们装饰了家具，这可太气人了！"

材料
Materials
———

玩儿转材料

2008年我和费伊结婚时，只办了一场简单的婚礼，到场的只有九位宾客和一位身穿化纤面料套装的婚姻登记官。但是，为了度蜜月，我们掏空了腰包，去了一趟意大利。我们都是第一次去罗马，山脊小镇拉韦洛确实是个吸引人的浪漫之地，不过，我们去意大利主要是为了参观索伦托的帕尔科·代·普林奇皮酒店（Hotel Parco dei Principi）。该酒店建于20世纪60年代，出自意大利建筑师吉奥·庞蒂（Gio Ponti）之手。我们感觉有点奇怪，酒店里面的食物相当复古，这里除了有我们这样冲着酒店设计而来的人，还有年年都来的常客，他们晚上会在这里一边听着钢琴曲，一边用脚掌打着节奏。

不过，这座建筑的设计放在现在毫不过时，与建成之初相比风采不减。一进入酒店大堂，就能感受到吉奥·庞蒂的艺术才能。每面墙上都铺着一层蓝白相间的鹅卵石，就像鱼的鳞片；地板上铺着瓷砖，四处摆放着庞蒂亲自设计的椅子和沙发，全部套着蓝色的座套；如抽象雕塑般四四方方的壁灯，投射出柔和的光芒。我们的卧室不仅有海景，更是海景的一部分，几何形的地砖一直延伸至室外波光粼粼的水面。在这家酒店里，庞蒂利用建筑材料创造出一种地点感，展现了非凡的想象力和他的顽皮。建筑师安东尼·高迪（Antoni Gaudí）也用马赛克呈现过类似的效果。他采用摩尔式建筑风格，使用色彩鲜艳的瓷砖碎片，将童话宫殿的智慧和奇思妙想融入建筑之中。高迪对法国艺术家妮基·桑法勒（Niki de Saint Phalle）产生了巨大影响，她也经常使用陶瓷碎片。在意大利托斯卡纳，她以塔罗牌为主题，建造了一座约570平方米的雕塑花园，真是令人难以置信！花园里布满了巨大且神秘的塔罗牌人物雕塑，雕塑上覆盖着各种马赛克和镜子碎片。这座花园历时20年才竣工，在这期间，她就住在塔罗牌"女皇"的雕塑之中，"女皇"其中一个乳房成了她的卧室，另一个乳房则是她的厨房。

其实，装饰性建筑、附属建筑、临时住所和招待所都可以为我们所用，在这些地方去试验不同的建筑材料。埃塞克斯之屋（A House for Essex）是由FAT建筑工作室和格雷森·佩里（Grayson Perry）专门为度假房屋租赁公司生命建筑（Living Architecture）

设计的。它的风格夸张，就像是一座忽然降落在英国田野里的俄罗斯木质教堂。这个设计以虚拟人物朱莉·科普（Julie Cope）为中心，她以圣洁的形象出现在雕像、挂毯、瓷砖和铝制风向标等各个地方。朱莉的摩托车在天花板上挂着，她与送咖喱的司机发生车祸时，开的正是这辆摩托车。

很多人并不想像格雷森·佩里一样生活在自己的"内心世界"里，也不喜欢妮基·桑法勒的塔罗牌花园，但我们可以学着像他们一样，从建筑中找寻点乐趣。建筑师布赖恩·马勒（Brian Muller）就懂得如何自得其乐。20 世纪 80 年代，他在伦敦西北部购置了一栋传统的晚期维多利亚风格住宅，并将其改造成一个梦幻般的巢穴，中间特意种了一棵树。马勒拆除了原有的大部分结构，打造出一个两层通高空间：墙壁、天花板和门都回归最原始的状态，只剩下砖、托梁和板条，巨大的上翻式玻璃门通向花园，金属管道参考了诺曼·福斯特（Norman Foster）和理查德·罗杰斯的高技派（High Tech）风格。穆勒后来成为一名实验电影制作人，难怪他的房子如此具有戏剧效果。后来，这座房子的主人变成了英国演员斯蒂芬·弗雷（Stephen Fry）。2014 年，我们出售这座房屋时，穆勒最初的设计依然完好无损。最终，这座房子以高出要价 30 万欧元的价格售出。有个人因出价过低而错过了这栋房子，他在之后的许多年都懊悔万分，迟迟不能原谅自己，还不停地给我们打电话询问房主愿不愿意转卖它。

还有一栋房子特别受欢迎，那就是北伦敦的钟屋（Clock House）。它改造自 20 世纪 60 年代的一套单调的联排别墅，设计出自颇具想象力的建筑工作室 Archmongers。房子外观贴上了从英格兰科茨沃尔德陶器店买来的手工砖，还挂了一个铜制信箱。房子背部对餐厅进行了扩建，天花板由钢铁、花旗松和原有的混凝土梁构成，均没有多余的修饰。整栋房子的色彩呈现都很集中：正立面有一个醒目的绿色窗户，后部有一个垂直的红色小窗，每层楼的尼龙门把手颜色都不一样。

趣味性并不需要从零开始创造，市面上已有的一些建材产品就能为我们的家增添趣味。比如工业设计公司 Dzek 有一款名为玛莫瑞奥（Marmoreal）的预制大理石水磨石，其表面的斑点会让人想起甜甜的牛轧糖。这款产品的创意来自我的两位朋友——策展人布伦特·泽科里斯（Brent Dzekciorius）和家具设计师马克斯·兰姆（Max

材料
Materials

181

Lamb）。在过去的几年里，精通设计的房主们开始在室内设计中越来越多地使用这种预制大理石水磨石，它也是建筑师戴维·科恩（David Kohn）和诺德建筑工作室（Nord Studio）等专业人士或公司的指定产品。布伦特说：

> 室内设计最能体现人类的创造精神。做室内设计就像在跳舞，可以尽情舒展舞姿，不用怕被人看到，这种机会可不常有。在某种程度上，玛莫瑞奥在传统水磨石工艺的基础上，拓宽了运用大理石的自由表达空间。正如马克斯·兰姆所言："我想强调石头的石头性。"也就是说，这种特色石块中的大理石需要比标准水磨石中的大得多。只有占据了一定的体积，才能让人充分欣赏这些变质岩超脱尘俗的特性。

大面积地使用单一材料，或是在一个房间的每个表面都用一种材料，肯定能创造出一种戏剧效果。卡鲁索与圣约翰（Caruso St John）建筑师事务所设计的砖屋（Brick House）挤在西伦敦一个人口密集的地区，好像罗马的巴洛克教堂一样，深埋在城市狭窄街道的封闭格局之中。砖屋的地面和天花板全部用砖铺就，三角形天窗透进来的一道道光投射在砖上，使房间有了一种深沉感。

诺福克郡的赭石谷仓是一座维多利亚风格的脱粒谷仓，由建筑师卡尔·特纳（Carl Turner）改造成了现代居住空间。他大面积地使用定向刨花板，看起来就像原来谷仓里堆着的干草垛一样。

另一种技巧是选择材料时"不按常理出牌"，比如改变材料的现有状态或外形。伦敦东区有个机遇街道（Chance Street）项目，包含建于第二次世界大战后遗留下来的印刷厂原址上的三座小房子。项目建筑师斯蒂芬·泰勒（Stephen Taylor）采用黄铜隔板，这样从街上就看不到房子的内部了。房子外观特意使用颜色暗淡的空心砖，与鹅卵石路和周围被煤熏黑的房子在色调上相互搭配，而光亮的黄铜隔板像天鹅绒舞台幕布一样可塑性强，不仅可折叠，上面还能被戳出数千个孔。

这种工艺颇具法国伟大的金属工匠、建筑师让·普鲁维（Jean Prouvé）的特色。他不仅高产，而且作品多样，因此自嘲为"金属旋风"。在他位于法国南锡的工作室里，从锻铁灯具到扶手、围栏、电梯笼和工作室的门面，都是他自己做的。20世纪50年代，为了解决当时法国非洲殖民地住房短缺的问题，他开发了一套铝制预制住宅，名叫热带小屋（Maison Tropicale）。为了方便运输，小屋可以被折叠成平的，装进货机的尾部。但热带小屋最后只建成了三座，后来受到推崇不是因为它推动了社会变革，而是因为它被视作现代主义艺术的代表作。据报道，纽约旅馆老板安德烈·巴拉兹（André Balazs）于2007年花了近500万美元在佳士得拍卖会上拍下了其中一座小屋。

让·普鲁维为20世纪70年代高技派建筑的兴起奠定了基础。高技派关注的是结构的外露和机械美学。伦敦125号公园路的公寓由尼古拉斯·格里姆肖（Nicholas Grimshaw）设计，建筑表面有一层带棱纹的铝皮，边缘略有弧度，参照的是雪铁龙小货车的设计。每次参观这栋建筑，我都感到心满意足，因为从高层的公寓能看到摄政公园里的伦敦中央清真寺。这座清真寺出自我的爷爷之手，我在前文写过，他还设计了利物浦的大都会基督国王大教堂，还有伯克郡杜埃修道院的一处本笃会修道牧师住宅。所以，他总是开玩笑说，他已经"两面下注"，来世不管皈依何门，他都有了去处。那座清真寺本身融合了各种材料，立面覆盖着波特兰石骨料混凝土板，窗户采用的是深棕色铝窗框，预制混凝土穹顶上装饰着金色铜合金板。

此外，混凝土的名声虽然好坏参半，却是目前最多样化的材料之一。建筑史学家巴纳巴斯·考尔德（Barnabas Calder）在其著作《混凝土：粗野之美》（*Raw Concrete: The Beauty of Brutalism*）中指出：

> 近距离观察混凝土时，你会发现，在混凝土庄重感的背后，其实还有各种美丽的纹理和颜色，混凝土永久性地记录下了整个建造过程……无论现代主义建筑师多么喜欢混凝土的建造潜力和美学效果，在有些人眼里，混凝土成品的外观依然是最普通、最无趣的。常用来形容它的词有"压抑""灰色""斑驳""丑陋"……实际上，一旦你深入观察，就会看到各种纹理、色调和颜色，其多样性几乎可以与建筑石材相媲美。

材料
Materials

183

打造完美之家
A Modern Way to Live

其实，混凝土可以被染成各种颜色，比如我最喜欢的就是粉色。混凝土可以如丝绸般丝滑，也可以如一碗粗燕麦粉那样既黏稠又粗糙。它最有趣的一个特质就是它的纹理与浇筑模板的纹理完全一致。例如，勒·柯布西耶设计的马赛公寓（Unité d'Habitation in Marseille）由原始混凝土（béton brut）建成，浇筑时所用的模板是粗锯的板材，所以，给建筑物表面留下了美丽的纹理。勒·柯布西耶认为钢筋混凝土是"一种与石头、木材或赤陶同等级的天然材料"。

建筑师杰米·福伯特（Jamie Fobert）在他职业生涯的早期就深入参与过一系列住宅项目的设计，并借此试验过混凝土的质地有哪些应用空间。我参观过的最令我惊讶的私人住宅是伦敦市中心的安德森之家（Anderson House）。这座当代洞穴和一座小教堂差不多大，像是空降到了一个不起眼的后院似的。在这里，混凝土现场浇筑在塑料板上，表面光滑却依然保有皱纹，像粗犷的农民饱经风霜的额头一样。福伯特在樱草山的一处维多利亚风格的度假别墅上用了相似的工艺，他把低楼层完全打通，看着像是有一张"混凝土桌"在支撑着上面的楼层。

建筑师亚当·理查兹在西萨塞克斯郡有一处新房，叫作尼瑟斯特农场（Nithurst Farm），他用混凝土作为这座房子的力量核心。房子的外部包裹着一层砖，就像古罗马的一处废墟。房子的内部，混凝土全部裸露在外，复古挂毯和罗伯特·曼戈尔德（Robert Mangold）的现代几何艺术品都挂在混凝土墙面上，上演了一场跨越时间的对话。亚当说：

> 一些人可能认为混凝土是一种坚硬的、有侵略性的材料，但我并不这样觉得，因为混凝土有着丝绸般的美丽质感。混凝土是一种现代材料，讲述的自然是现代建筑的故事，但混凝土的原材料是石头，石头又是古代建筑的元素。混凝土的结构特质让我们能够建造一个具有"古代的"空间特征和材料特征的建筑。

伦敦的巴比肯建筑群也由混凝土建成，但处理方法大不相同。在这里，工人手持十字镐一点点把建筑物的表面凿开，露出下面的骨料，使这些建筑的外表变得更加沧桑、更加宏伟。它无疑是一件评价两极分化很严重的建筑作品，但在创意人士眼中它受欢迎

材料
Materials

的程度只增不减，里面还住着很多名人，艺术家迈克尔·克雷格-马丁（Michael Craig-Martin）就是其中之一。他作为伦敦大学金史密斯学院的美术教授，见证了达明·赫斯特（Damien Hirst）和萨拉·卢卡斯（Sarah Lucas）两位艺术家在20世纪80年代慢慢崭露头角的整个过程。我采访他时，他热情洋溢地讲述了巴比肯设计中的一致性：

> 我一直对巴比肯很感兴趣，所以我不太明白为什么有人会不喜欢它。不得不说，作为这里的住户，我觉得这是一个建筑杰作，一个真正实现现代主义乌托邦的完美城市住宅。美丽的公寓里阳光笼罩，所有东西都是现代的、简单的、令人舒适的。这里的大多数楼都是底层架空的，下方有流动的空间。如果都贴地而建，就会给人一种沉重感和凄凉感。正是因为建筑是用柱子架起来的，因而空间特别大，处处充满阳光，你的视野在这里不会受到任何阻碍，能直接从一边望到另一边。花园、过道、楼层、露台、街景、湖和瀑布共同创造出了一个既公共又私人的避风港。无论是用料还是做工，都是无可挑剔的。像其他重要建筑一样，它的每个细节都经过深思熟虑，与整体景观保持协调一致。不住在这里的人不会明白，尽管巴比肯体量庞大，还带着野兽派的味道，但从来都不会让人感到压抑。除此之外，巴比肯建筑群位于市中心，地段绝佳，居住体验也极好。

如我们所见，如今出现了许多环保建筑材料来替代混凝土。不过，在家里某个特定位置使用混凝土时，比如厨房地板或工作台，混凝土在耐用和美观上，还是会有其他材料难以企及的地方，它自然生成的表面瑕疵和裂纹都是乐趣所在。

2007年参观过泰特美术馆的人，应该都无法忘记美术馆里那一道闪电般的裂缝，一路延伸到涡轮大厅的混凝土斜坡上。这条裂纹线由哥伦比亚艺术家多丽丝·萨尔塞多（Doris Salcedo）创作，据说代表着南北半球社会经济发展的巨大鸿沟，同时也生动地体现了材料的变化无常——世上没有完美的材料。展览一结束，这条裂缝又被填上了。然而，混凝土有个问题，就是你永远无法把它填得严丝合缝，锯齿状的轮廓线仍清晰可见，就像术后留下的疤痕。地板从此有了缺陷，却也因而变得更加美丽了。

材料
Materials

Nature
自然

"亲近自然，深入自然，热爱自然，
自然永远不会辜负你"

弗兰克·劳埃德·赖特
Frank Lloyd Wright

自然至上

我和费伊当初住在英国卡姆登的一个地下室公寓时,清理墙上冒出的潮斑,捉屋里的老鼠,这些事都成了家常便饭。那只狡猾的老鼠明显是跛脚的,但每当我一靠近,它就奇迹般地"康复"了。我们还给它起名叫凯撒·索泽(Keyser Söze),就是电影《非常嫌疑犯》(*The Usual Suspects*)里警员一直追查的头号罪犯。纵然有诸多不便,带花园的房子我们只租得起那里。我们种了一大片竹子用来阻隔附近铁路的一些噪声,还种了密密麻麻的迷迭香,周日做饭的时候可以直接用作调料下锅。我们试过在阴暗的角落里种蕨类植物,比如挨着阳面水泥墙种了些铁线莲。当然,有不少植物由于我们园艺不精、疏于照料未能成活,但总的来说,这一隅城市绿景给我们带来了无穷欢乐。

后来,我们搬到了伊斯灵顿的联排别墅里。我们之所以会选这里是因为房子两边的植被葱郁繁茂。房前是一条建于 17 世纪的人工水路,用来向伦敦输送饮用水。在房后,你可以俯瞰到隔壁邻居的花园。选房子时,我们想的是房子里的东西几乎都能换,但房外的景观无法人为改变。在这里,清晨醒来一眼望去全是树,令人神清气爽。我们还发现,就算你一丝不挂地走来走去也不会有人偷看,这让我们从内心深处得到了解放。

之后,我们又搬去了海格特,住的实际上是个附带房子的花园。对于一个三居室的家庭住宅来说,这栋房子的面积其实不太大,但全玻璃的南立面通往一片 40 米长的草坪,与汉普特斯德希思公园的森林景观融为一体。我女儿因迪戈非常喜欢这个公园,一天到晚去那里捡花,进行她的"考古挖掘",并在柳树形成的穹顶下开创自己的小天地。

我们现在住的房子位于一个国家公园里。每次搬家,我们都在追寻自然,现在我们终于能深居自然。有时我甚至想不明白,以前自己是怎么在城市环境里生存下去的。不管你问谁,大家肯定都会说自己喜欢绿植环绕的感觉。这种喜爱虽说是与生俱来的,但我们所做的事看起来都与之背道而驰。随着时代的发展,英国画家托马斯·庚斯博罗(Thomas Gainsborough)画笔下树木繁茂的山谷逐渐被劳伦斯·史蒂芬·洛瑞(L. S.

Lowry）画笔下火星四溅的工厂和人口稠密的街道取代。1800年，全球只有不到10%的人口住在城市。到了2018年，这个数字增长到了55%。

当然，城市前所未有的舒适环境也有很多好处。人们无须再到处猎食，热情的"外卖小哥"把食物直接送到你家门口。高楼大厦形成了便捷的屏障，阻挡了捕食者的侵袭，这样，人们就无须再蜷缩着躲在灌木丛后了。这让我想起和费伊在泰国一个岛上住过的一座四面无墙的房子，那段经历我至今记忆犹新。那天早上我一睁眼，突然疼得大叫了一声，低头一看，发现有一只蜈蚣钳住了我的臀部。

然而，我们虽然织就了城市这张安全网，自己却身陷其中，笨头笨脑地主动沦为网中之鱼。根据世界卫生组织和美国环境保护署的研究，美国人和欧洲人有差不多90%的时间都待在室内。如马丁·萨默（Martin Summer）所说：

> 部落社会中狩猎采集者们的生活方式与我们如今的生活方式正好相反。我们用一个装着轮子的庇护所（车）从一个庇护所（家）移动到另一个庇护所（办公室），很少经历什么风吹日晒，也不怎么接触沿途的花草树木。

如果你在找新的住所，先别管预算多少，我建议你把亲近自然作为首要的考虑因素。要是你住在高楼林立的城市，就找个能眺望到公共花园，或者步行就能到达某个公园的公寓，窗台最好能种一些植物。

知名大厨弗格斯·亨德森（Fergus Henderson）和玛戈·亨德森（Margot Henderson）夫妇的日常生活，除了为在餐厅周边工作的创意工作者们做他们拿手的菜肴之外，还经常回南伦敦的家里，在花园的阴凉处享用午餐，或者在蜜蜂的嗡嗡声中散散步。他们以前住在西伦敦的一处公寓，为了给自己和孩子创造一些室外空间，才搬到了南伦敦。玛戈说：

> 起初，我以为从西伦敦的科文特花园（Covent Garden）附近搬走，心情会很糟糕，比如会时常思念在外面玩到很晚再步行回家的日子，思念边走边

自然
Nature

观察形形色色的路人的惬意，思念附近的那些美味餐馆。但我现在非常享受住在南伦敦的生活，一点儿也不想什么玛莎百货，也并不留恋城市里的那些游客。

"住在这儿也有益于我们的健康，"弗格斯接着说道，"花园就像是城市的肺。"

如果你要搬去乡下，请记住，房子四周的景观与房子本身同样重要。我和家人每天都在家附近散步，探索河流的分布情况和马道两侧布满的花朵，看着红色的风筝在田野上空盘旋，欣赏着鳟鱼跃出浅滩，还有一只色彩鲜艳的翠鸟时不时地在我们眼前一闪而过。

新冠肺炎疫情封城期间，这样走走有助于我们保持情绪稳定。确实，如果非要说疫情给我们带来的"好处"，那就是我们许多人已经渐渐接受自己在世界中的位置。美食与旅行杂志《谷物》（*Cereal*）的创始人罗莎·帕克（Rosa Park）是一个经验丰富的旅行者，她出生于韩国首尔，如今经常往返于英国巴斯和美国洛杉矶。2020 年对她来说，是第一次一整年被迫待在同一个国家。她写道：

> 和很多人一样，我沉醉于自然。游走在巴斯的公园、花园、草坪和林地时，我看到了季节更替带来的巨大变化。我观察着光秃秃的、互相缠绕的树枝如何蜕变成天鹅绒般的樱花和紫藤，尤其当微风拂过，花瓣如雪花般阵阵飘落的时候，它们仿佛在上演一场浪漫的演出。那段时间，我第一次对做饭产生了兴趣，春天会去挖野蒜，秋天会去收集接骨木花。现在，我学会了做很多新菜，不再是只会弄吐司了。

能够主动亲近自然的人，往往幸福感更高。的确，在各种工作满意度的调查中，园丁和花匠一直雄踞榜首。也许是因为自然让人们懂得谦逊与敬畏，在风浪天气出过海的人都明白，大海滔天的巨浪可以吞噬一切。徒步穿越群山的人会收获一种狂喜，他们的心灵得到充分释放，开始能换个角度看待日常的烦恼。正如华盛顿大学心理学教授彼得·卡恩（Peter Kahn）所说：

　　和自然互动，其实是在教我们如何与他人共处，而不是支配他人。因为你无法左右头顶飞旋的鸟儿，夜空升起的明月，或是一头自由出没的熊……当今社会存在的一个主要问题就是我们觉得自己要去支配他人，支配自然界，而不会去思考该如何与他们和平共处。

打造完美之家
A Modern Way to Live

都市里的自然

在伦敦锡德纳姆的一块偏僻之地，有一片茂密的土耳其栎林。林中藏着一个树屋（Tree House），它是由英国建筑师伊恩·麦克切斯尼（Ian McChesney）设计的，整座树屋从上到下都装着不透明的黑色玻璃幕墙。树屋的正面可以将四周的树木反射到玻璃上，使树屋与周围的景色融为一体。从外面看，整个建筑像是一艘雷达无法探测的舰艇。

2015 年，我们将树屋出售时，房子的价格上涨了超过 50%。为了能亲近自然，买家都愿意多花些钱。据英国国家统计局的数据，周围 100 米内有绿地空间的房子比 500 米内有绿地的平均贵 2 500 英镑。我记得，多年前我们在伦敦北部以令人瞠目结舌的价格卖掉了一套公寓，仅仅因为它有一个很大的屋顶露台。所以，即使公寓旁边的广场到了深夜有很多能玩、能闹的人，依然没有影响这套房子的市场价。

从树屋往前走就是达利奇住宅区（Dulwich Estate），那里的 2 000 多所房屋都是由奥斯汀·弗农与合伙人建筑公司（Austin Vernon & Partners）在 20 世纪 50 年代到 60 年代建成的。建筑师格外注意场地的自然轮廓和现有植被之间的呼应，他们把车道与步行区分开，将很大一片区域建成了公共灌木林。现代住宅公司销售部的科里·海明威（Corey Hemingway）在这儿买了一套公寓，就是因为看上了它的自然景观。她描述了第一次来这儿时的感受：

> 我太喜欢这套公寓了！那天阳光明媚，碧空如洗。我上了几阶楼梯，走进一间老电梯，这间电梯自 1959 年街区建成后就没再变过，沿用了绘有玫瑰的深黄色富美家美耐板，连后墙上的镜子都还在。我记得我特地照了照这面镜子，还对着镜子笑了笑。那是在秋天，一走进公寓，我透过客厅 5 米长的窗户往外看，一下子就被窗外的景色迷住了，感觉自己身处一间树屋里，对它一见钟情。这里四周被树木环绕着，看着树木经历四季更替，我的内心顿时有种十分特别的感觉。

自然
Nature
———

这几年，建筑师开始不断创新方法，将大自然嵌入城市景观中。爱德华·弗朗索瓦（Édouard François）设计的位于巴黎的花塔（Flower Tower）就通过这种方法，改善了社会住宅街区的传统面貌。花塔共 10 层，每一层都采用了混凝土楼板，380 盆竹子全部镶嵌在楼板边缘，成功地将大量植物引入城市景观之中。从远处看，大楼就像个开心果馅儿的果仁千层酥。英国赫斯维克建筑事务所（Heatherwick）也将类似的概念运用到上海的天安千树（1 000 Tree）项目中。一根根结构柱化身为一个个巨大的种植池，里面栽种着成簇的树木。天安千树远看不太像是个建筑物，更像是一块原有的绿地。

我们可以好好利用容易被人们忽视的屋顶，比如在楼顶种上景天属植物，效果就类似于爬满藤蔓植物的外墙，非常引人注目。房屋扩建部分和车库的平屋顶都可以利用起来，种上植物，改善一下环境，不但可以为万物生灵创造一片栖息之地，也有助于降低城市的气温。

我们还可以简简单单地在窗台上挂个花箱，在门前的台阶上放个花盆，或者种上攀缘植物，都能算作是为街区的绿化作贡献。总的来说，绿叶越多的植物，对城市环境的贡献越大。长期住在繁忙的街道旁，会增加人们患上阿尔茨海默症的风险，如果我们能种上一些生机勃勃的常青树就再好不过了，因为它可是过滤空气、吸附颗粒物、减弱交通噪声的一大"利器"。

记得多年前我步行去北伦敦上班的路上，还能偶遇一簇簇漂亮的花朵从地砖间隙的土壤里冒出来。当地居民约在一起，种了这些花，共同改善了大家的居住环境。没错，绿化城市是我们每一个人的社会责任。

公共花园的建设同样需要居民们的共同努力。比如我岳母就主动对她在温切斯特公寓外的大片土地进行了全面改造，她修整了灌木丛，种上了花朵和蔬菜。陶艺家立林香织在森林山社区也创造了类似的"绿色奇迹"。她说，做园艺虽然是她的一项公益活动，但也有助于自己的身心健康：

　　我们房前有个公共花园，从 10 年前搬进这里开始，我就一直在打理它。能在花园里种种东西，我感到非常幸运。虽说花园里的活儿永远干不完，却能帮助我保持身心愉悦、头脑清醒。这些年，我在花园里种过 16 种玫瑰，当地人因而称它为"玫瑰花园"，路人经过时总要称赞它几句。我还种了菜，但我不想让它变成菜园，所以，只在边上种了一些。

对立林香织来说，接触大自然有一种回到日本乡村故乡的感觉，还能激发她的想象力，让她产生更多创作灵感。

有了公共室外空间，社区居民们就能聚在一起聊聊天，相互帮助。比如克莱尔·拉廷（Clare Lattin）是伦敦哈克尼区一家餐馆的老板，她和她的邻居们住的都是由工厂改造而成的房子。每周日，他们都会在外面的柏油路上摆上一张餐桌，一起用餐，一起欣赏周围奇异的盆栽植物。在她看来，组织这种聚会是责任感使然，也是为了让自己在城市中放缓脚步：

> 这样做主要是为了关注自己的内心世界，与其放眼世界，不如先着眼脚下，在地球上属于我的小角落，做些力所能及的事——用厨房垃圾为院子里的花朵制作堆肥，或者种一些草本植物，为绿色生态做点贡献。人与自然之间的关系变得越来越疏远，所以，现代生活需要与自然重新建立联系，人们应该触摸自然，学会与自然共存。

新冠肺炎疫情暴发之后，"自给自足行动"（Grow-Your-Own Movement）得到了广泛关注，我们不得不开始关注自己的社区。我家附近的火车站外摆起了种植槽，里面种着各种植物和蔬菜，所有人都可以来采摘。很多朋友还在自己的社区租了一块地种菜，每年仅需 26 英镑。我们都应该试着过一过自给自足的生活，哪怕只是在窗台上种一簇欧芹也是不错的选择。

在现代住宅公司网站上，我们发布了有机食物种植者克莱尔·拉蒂农（Claire Ratinon）写的《园丁日记》（*Gardener's Diary*），里面解释了什么时候该种什么东西，可供大家参考。

自然
Nature

打造完美之家
A Modern Way to Live

自然
Nature

如果你家里的花园足够大，也可以种一些品种优质且可以优化环境的南瓜、西葫芦等蔬菜。当初买下这座房子时，费伊最心动的就是这片未经修整的菜园，还有那个带瓦楞的育秧棚。箱包公司 Ally Capellino 的创始人艾莉森·劳埃德（Alison Lloyd）对大自然的慷慨怀有无比崇敬之心，着实令人敬佩。在她位于达尔斯顿的公寓里，植物被她做成了艺术品挂在墙上，室外狭长的花坛里也种满了花朵和果蔬。她说：

> 尽管我们的生活常常匆忙得一刻都停不下来，但我仍把在家的大部分时间都贡献给了花园。我家的花园虽然已经很大了，但我还是和隔壁邻居商量了一下，买下了他家花园的一半。我想弄个草坪，但没成功，最后那里变成了一摊泥浆。我在花园里抬高的苗床上种了果蔬，今年种的黑莓、树莓和芝麻菜尤其成功，但夏天种的豆子不太成功。为了创造一些美景，我在苗床里还种了很多洋蓟，如今长到了约 3.7 米高。我特别管不住自己的手，总忍不住往花园里添东西，比如度假后我会买很多当地的植物回来。我曾经从希腊带回一棵橄榄树，就因为感觉它很可怜。努力让植物"起死回生"，也是一件能让我快乐的事。有一天，我在街上发现了一棵被遗弃的琴叶榕，最后也把它带回家了。

如果自己动手种菜，会更加关注四季的交替，既有利于身体健康，又能改善环境。正如那句话所说，吉尼斯黑啤酒在都柏林更好喝，自己种的西葫芦即使长歪了也觉得它既好看又好吃。英国大厨吉尔·梅勒说：

> 很多我们爱吃的果蔬，现在一年四季都可以种植，这个"残酷"的事实在番茄上体现得淋漓尽致。我们忘了每个番茄是独一无二的，忘了在阳光下自然生长和成熟的番茄是什么样子的，忘了当它长得圆鼓鼓、红通通、软得要裂开时，把它吃掉的那种美妙感觉，真是遗憾！

自然
Nature

说到城市小花园，不得不提的一点就是它的维护成本很低。要是在花园里铺设草坪，就需要你悉心打理，不然草会慢慢枯萎，直到只剩下残存的一缕草孤零零地在风中飘扬。而且我觉得，像阿斯特罗特夫牌的人造草坪只有在曲棍球场里铺设还看得过去，假如把它放在其他任何地方，看着都很俗气。所以，城市小花园里选择硬地景观更合理，只要多种点易活的植物就行。我们可以选择铺上约克石板、燧石板、铺路砖或人字形砌砖，或者选用观景木台、碎石路等更便宜的材质，可以将四周设计成狭长的花坛，种上花朵、蔬菜、灌木和小树。第一年花园刚建起来时，我们要经常除草，勤快细致地照料，这样将来维护起来才会简单一些。如果室外空间方便打理，就会一直赏心悦目，我们也会更愿意走出房门，多在室外待一会儿。

千万别小瞧专业景观设计师的作用。我们在伊斯灵顿的房子的花园就是出自朋友——景观设计师保罗·加泽维茨（Paul Gazerwitz）之手。他对花园进行了分区，让花园显得更宽敞、更丰富、更迷人，要知道，非专业人士可无法让这里达到这种效果。再比如，在我们位于温切斯特的公寓，景观设计师哈里·里奇（Harry Rich）和戴维·里奇（David Rich）兄弟用漂亮的野生植物和燧石长凳拯救了原本难看的庭院。以我的经验来看，大多数人不喜欢花钱做花园设计，不过，在一开始就把花园的结构布局好至关重要。如果预算允许，你最好一次性把该装的装好，该种的种好，这样你一住进去就可以体验花园带来的快乐了。

景观设计师托德·朗斯塔夫－高恩（Todd Longstaffe-Gowan）多年前帮陶艺师兼出版商凯特·格里芬（Kate Griffin）设计了他在北伦敦的房子的花园。格里芬回忆道：

> 我当时给托德写了封信，我们居然一拍即合。当时我并不清楚他是谁，只是很喜欢他设计的一个花园。见面之后才发现他原来非常有名，收费也很高。我觉得自己请不起他，但他说请他喝红酒就行了。我感觉再追问他价钱也不太合适，实际上最后也并没有花费太多。

要是预算不够请设计师，建议你阅读一下阿恩·梅纳德（Arne Maynard）、皮特·奥多夫（Piet Oudolf）等设计师关于花园种植的书，保证你能从中获取些灵感。

如果想鼓励自己多到室外活动，感受大自然的话，可以在阳台上放把椅子，在露台上摆张桌子，或在树上安个吊床。在室外吃点零食、读读书，都比在室内更提神。或者种种花花草草，养养蜜蜂，只要能把你从沙发上拽起来的活动都可以去试试。

当你规划室外空间时，一定要考虑到日出、日落的情况。我朋友卢克·坎德雷辛格（Luke Chandresinghe）是建筑公司 Undercover Architecture 的创始人，他购置了一栋维多利亚风格的排屋，这栋房子带有一个朝北背阴的花园。花园里种了很多树蕨，它们在荫蔽下仍能茁壮成长，很快就形成了一片神奇的"童话森林"，孩子们可以在里面尽情玩捉迷藏。如果你家朝南，不如把阔叶树种在房子旁。炎炎夏日到来时，树就成了天然的防晒屏障；冬天树叶飘落，暖阳还能透过树枝洒进室内。

在房子周围做些植物造景也能创造戏剧效果。托德·朗斯塔夫－高恩当年还为瓦伦丁·弗兰克（Valentine Franc）和雷吉斯·弗兰克（Régis Franc）夫妇设计了他们在伦敦西区的花园。房子采用克里托尔牌钢架窗户，窗外种了一排梦幻的棕榈树。用他的话说，他在树后还种了一排排像火箭一样的花朵和云朵般的黄杨树篱。他说：

> 客户之前从没拥有过花园，因此我觉得，要想让他们能够走到花园最深处，唯一的方法就是变换景观视野。我们把所有树都作为花园的前景，让花园看起来更深远，后方的景观自缓坡向上排布。棕榈植物像导弹一样穿墙而过，这就是其中的乐趣和戏剧效果所在。

买房或租房时，我们也需要考虑室外空间是否可使用。正如在"光"那一章中所说，我们都是光养的生物，自然而然地会被阳光明媚的地方所吸引。一项在加利福尼亚州伯克利市一处居民区进行的调查，证实了这种说法，在《建筑模式语言》一书中，作者阐述了该研究：

> 研究者在东西走向的韦伯斯特街上采访了 20 个人，其中 18 个人都说他们

自然
Nature

只使用院子里有太阳的地方。这些人中有一半都住在这条街的北端，他们完全不使用后院，但会在前院的人行道旁坐坐，晒晒南边的太阳。朝北的后院主要用来放垃圾。受访者中没有一个人喜欢背阴的院子。

有意思的是，该调查还发现，虽然家里有阳光充足的院子，但要沿着墙边走过一段背阴处才能到的话，大家便不会去了。所以，我们需要区分"消极的室外空间"和"积极的室外空间"。"消极的室外空间"指的是未经修整，比较突兀的空间，就像建筑之间的空隙或是烟囱间的一块沥青；"积极的室外空间"指的是像室内房间一样有规划的、分区明确的空间。

如果我们想将大自然融入城市景观，还有一个好方法，那就是把庭院纳入整体的住宅设计方案中。庭院的好处在于墙壁能挡风，只要日照充足，人们使用它的频率就会很高。屋顶花园好处也不少，人们站在上面能呼吸新鲜的空气，眺望远方美景。屋顶花园还能改善生物多样性，保持建筑的温度。至于露台设计，不是说在电视天线旁随便摆个长凳就行，要想让露台真正发挥作用，你需要将其与房屋内部直接连接起来，就像是房子里的一个房间一样。如果你采用单独的楼梯，就会时常忘记露台，很少去使用它。而且在露台上，人们如果可以感受到房子就在身后，也会由此产生一种安全感。

在"空间"一章里，我们谈到如何利用门廊打造出恰当的室内外过渡区，但我们需要再退一步，考虑一下如何规划从院门到入户正门的这段路。如果你很幸运地有个房前花园，那你可以用藤架或一些花架种点攀缘植物，营造一种包围感，让客人有所期待；或者，你可以修一条弯弯曲曲的小路，给这段路增添点乐趣；你还可以在路两旁种上一些带香味的植物，给客人一段芳香之旅。在我父母位于德文郡的老房子里，一进院就能看到小路两旁疯长的薰衣草，当你侧身走过时，薰衣草会轻轻拂过你的双腿，散发出香味。我父亲特别会种薰衣草，每年都要疯狂地把它修剪一番。父亲虽然不以细心著称，但有了他，花园总是能焕发生机。

将自然请进门

搬进现代住宅公司伦敦总部之前，我们花了几个月时间来装修它。装修它非常有必要，因为前住户把这里的墙壁刷成了塞维利亚橙色，还安装了布局复杂混乱的塑料电缆线槽，一些线槽莫名其妙地从窗户中穿了过去。房子从前是个双层通高的教堂大厅，如何减弱它核心空间的噪声，给我们在设计上提出很大挑战，毕竟我们销售部很可能会出现 25 个人同时打电话的情况。我当初研究了所有能找到的吸音板，发现它们要么奇贵无比，要么奇丑无比。最后，我们决定在天花板上安装一层金属网格，在上面挂上各种各样的盆栽植物，形成密集的"吸音绿植云"，这才解决了噪声的问题。这些年来，绿植顶棚慢慢生长，如今它们如同皇后乐队的吉他手布赖恩·梅（Brian May）的头发那样狂放不羁：叶子倾泻而下，垂到了我们工作的键盘上，杂乱生长的蕨类植物的叶子弄得人耳垂直痒。

渐渐地，植物不断以类似的方式融入室内环境。还有一种常见的形式是内嵌灌溉系统的"植物墙"。标准内墙可以被改造成一个快速生长的垂直花园，不仅可以吸收微污染物，平衡室内湿度，还具有冲击性的视觉效果。室内植物的用途有很多，比如它们能帮我们划分室内空间，调节室内温度，或者为平平无奇的房间增添色彩。英国设计师伦达·德雷克福德（Rhonda Drakeford）在伦敦东区的伦敦田野公园附近租了一间公寓。做设计时，她把植物用作一个屏障：

> 我的公寓紧靠大街，所以，如何保护个人隐私是个问题。刚搬进来时，公寓的前窗上贴着一层磨砂贴纸。我把贴纸撕了下来，搭了这些脚手架木板，然后涂上颜料，摆上植物。于是，这里变成了一个天然的屏障，他人从外面完全看不到屋内的景象，有的人甚至会来到窗前拍照。刚开始，我感觉这样有些奇怪，但确认他们真的看不到我之后，我又感到很神奇！我一直想把这种在建筑中引入植物的理念运用到其他项目上，让植物不仅发挥装饰性，也具备实用性。尤其是对租来的房子来说，如果我们想让室内空间富有生气，

摆放植物是最简单的方式。

暂且不谈植物的美学和功能性价值，将植物融入室内景观有助于我们改善健康，降低血压，提高专注力。如今，城市里的绿地面积在不断下降，超过五分之一的伦敦家庭没有花园。讨论这些现象时，我们更应该思考植物对人们身心的益处。

在海格特的老房子里，我们在厨房的一个混凝土大花盆里种了一棵琴叶榕，这样人们从外面的路上就看不到厨房的内景了。这些年来，琴叶榕的叶子越长越大，我开始把它当作一位稍显古怪的家庭成员，它总是在角落里友好地伸出它的"手掌"。室内植物悄然生长，变幻莫测，与此同时，它们的长久陪伴也让我们安心。室内植物还能增添一丝趣味性和动感，比如龟背竹的叶子上有很多洞，就像一片片奶酪似的。

人类种植室内植物的理念由来已久，比如埃及人、希腊人和罗马人都用植物装点过他们宏伟的住宅。不过，对现在的城市居民来说，植物的装饰作用不再那么重要，种植植物更多是为了寻找和自然界的一种深层联结。

摄影师斯蒂芬·威尔逊（Steph Wilson）就是其中的代表。她在布里克斯顿的家里种着一大家子盆栽植物，还养了一只鹦鹉和一只博美犬。这种奇特的城市动植物园可以缓解她在城市生活中的焦虑。正如她所说：

> 温馨的居住空间对心理健康极为重要。当我坐在客厅，看着太阳在植物上方移动，知道植物在阳光下茁壮成长，这就足以让我开心不已。我的蓝色短尾鹦鹉"番茄"在忙着它自己的事，而我则忙着观赏其他鸟儿。夏天，植物的花朵开始绽放，这是最振奋人心的事，任何艺术作品此时都黯然失色。我一直都想有一个能滋养我，也能被我滋养的空间。在这里，我感受到了内心的平和。

植物设计师安代·哈维（Yasuyo Harvey）在日本京都附近长大，现住在伦敦郊区。她以植物为媒介从事雕刻艺术，把种子和干树叶做成精致的悬挂装饰物、容器和室内用品：

对我来说这就像是一种仪式。我不擅长画画，但将各种材质融合在一起是我的专长。原材料永远是第一位，我的灵感都来自眼前的事物。我在花园里种了一些植物，每年都小有收成。我还会去市场买些植物，或者去田野散步时捡些小东西回来。最好的植物通常长在房子间的巷道上或别人房前的花园里。我一直在探索材料的利用方式，觉得这个过程很有意思。

我们应该像安代一样，保持植物的本色，顺应植物的季节规律，多为环境着想。我们可以在窗槛花箱里种些水仙，或者从自家菜地里剪些蜀葵和带香气的莳萝叶子。我们还可以在餐桌的花瓶里插上一束花，既能提神，也能给枯燥的日子增添些色彩与质感。英国著名护士弗洛伦斯·南丁格尔（Florence Nightingale）曾写道：

> 我永远不会忘记，发烧的病人看到一束色彩艳丽的鲜花时的狂喜……人们说这只是病人的心理反应，事实并非如此，这样对病人的身体同样有益。

多数水果都先开花后结果，于是，我们的大脑便默认有花朵的植物可能长出食物，所以觉得花朵如此迷人。你可以试着种一些花期长的花朵，将它们养在阴凉处，定期换水，好让它们绽放得更久一些。

我们在家里的老式虹彩陶花盆里种了朱顶红，粉白相间的娇嫩花瓣与陶器上彩虹色的金属釉交相映衬。我们在走廊上大小各异的赤陶花盆里种着各类天竺葵。春天，我们会修剪玉兰树的枝干，静候蓓蕾初绽；夏天，我们在准备好的罐子里种上香豌豆。即使植物已不再繁盛，我和费伊一般也会再保存它们一段时间，因为向日葵枯萎后其实更具美感，洋蓟凋零后宛如一座雕塑。

我们身边的天然原料不一定非要在活着的时候才有价值。费伊是在农村长大的孩子，她就喜欢在树林里捡树枝、石头和残片，一捡就是几个小时。然后，她回到家，在房间的壁炉台上整理这些东西，她总是乐此不疲。创意总监林赛·米尔恩·麦克劳德也有过类似的冲动：

自然
Nature

我会把抱子甘蓝的茎从堆肥里拔出来，挂在绳子上。我妹妹肯定觉得我像个女巫。

蹒跚学步的小孩子喜欢在沙滩上捡贝壳，从这一点你就能发现，孩童有着狩猎采集、用身体接触自然的原始欲望。每次我把手伸进外套口袋，似乎都能掏出来一块燧石或一颗橡果，这些都是我的女儿们冒着大风出门散步捡回来的。在我看来，事业有成的创意工作者都努力将这种孩童本能保留了下来。室内设计师兼古董商阿克塞尔·费福尔特（Axel Vervoordt）在他《侘寂灵感》（*Wabi Inspirations*）一书中写道：

> 自我年幼时，大自然的艺术之美就深深吸引了我。我的房间里总是装满了用心收集来的小玩意儿，它们都是我从森林、田野或海岸捡来的。时至今日，我仍钟情于鹅卵石、岩石、旧木头，一如我对艺术的珍爱。对我来说，石头是活物，它们的灵魂历经数百万年都不会消散。

罗伯特·斯托里（Robert Storey）是一名空间设计师，曾与耐克、普拉达、爱马仕等知名品牌合作过。他的床头摆放着各式鹅卵石和松果，都是他在这十年来外出时收集的。他说：

> 这些东西都有意义，它们很漂亮，不花分文就可以被我们拥有。这些迷你小藏品是我几个月前与我常住中国香港的朋友在新森林国家公园里捡的，那种美好因此深深刻印在我的脑海里。另外，这些小小的东西，是我独自在斯里兰卡旅游时在一座山顶上捡到的。每当我看着这些小玩意儿，记忆便如潮水般向我涌来。

英国剑桥的茶壶院美术馆是我非常喜爱的博物馆之一，那里曾是工人居住的村舍，在 1957 年到 1973 年之间，被艺术收藏家吉姆·伊德（Jim Ede）先是改造成住所，后来又改造成美术馆。这里充分展现了对大自然慷慨馈赠的尊重，不亚于威妮弗雷德·尼科尔森（Winifred Nicholson）或威廉·斯科特（William Scott）的画作，同时也挑战着传统的艺术价值观。种子、贝壳、石头和骨头散落在雕塑和油画间。在伊德的卧室里，桌上的鹅卵石呈漩涡状排列，在翻腾的海浪打磨下呈现出圆润的边缘。在英格兰诺福克郡北部的沙滩上，伊德会花上好几个小时"寻宝"。英国雕塑家亨利·摩尔和芭芭拉·赫普沃斯以及美国画家威廉·康登（William Congdon）也都向茶壶院美术馆捐赠过石头。在美术馆的其他地方，大自然与艺术品真正融为一体。比如法国雕塑家亨利·戈蒂耶-布尔泽斯卡（Henri Gaudier-Brzeska）的作品《吞鱼的鸟儿》（*Bird Swallowing a Fish*）被摆放在从锡利群岛捡来的一块浮木之上。伊德曾这样强有力地表达过他的喜爱之情：

> 我一直钟爱鹅卵石、花朵和贝壳，可能是因为这些东西能让我直接接触到自然奇观。

你可能好奇，为什么吉姆·伊德会觉得这些不起眼的石头是一大奇观？为什么费伊总说石头比银器更珍贵？为什么自己最近有种冲动，想把布满青苔的鹿骨拖回家，扔在厨房的碗柜上？1964 年，德裔美国精神分析学家和哲学家埃里希·弗洛姆（Erich Fromm）创造了"亲生命性"一词，该词源于希腊语，意思是"爱生活和生命"。20 年后，美国生物学家爱德华·威尔逊（Edward O. Wilson）出版的书籍《亲生命性》（Biophilia）将这个名词普及开来。威尔逊的亲生命性假说认为，人类对自然有与生俱来的亲近感，我们需要接触自然，正如我们需要呼吸新鲜空气。

亲生命性的其中一个原则就是，圆形的东西比锯齿状的东西更能让我们感到平静。神经科学家摩西·巴尔（Moshe Bar）和心理学专家玛蒂娅·内塔（Maital Neta）发现，人们在观看棱角分明的物体时，会刺激大脑中控制恐惧情绪的杏仁核。我们认为棱角分明的物体是冰冷的、无生机的，而线条更圆滑的物体则暗示着生命的活力。建筑师约瑟夫·弗兰克（Josef Frank）曾说："我认为，想把臀部置于长方形物体上的人，极有

自然
Nature

可能掌控欲特别强。"在家里，与我和费伊同住的还有她那些线条优美的家具原型。费伊第一次怀孕时构思的象腿椅（Roly Poly chair）有着准妈妈般结实的脚踝和隆起的肚子；软糖椅（Fudge chair）恰如其名，有着柔和圆滑的轮廓。以我的经验来看，家里有尖锐棱角的物品比起有柔和边缘的物品更容易引发人们的焦虑，因为家里的孩子会像乱跑的小陀螺一样到处窜来窜去。

除了曲线，大自然还有很多"分形"（fractals），即某几何形状在缩小或放大的过程中不断复制而形成的图案。比如，如果你仔细观察蕨类植物，就会发现它的叶子是由同一形状依次叠加而成的。我个人最喜欢的是罗马花椰菜，这种芸薹属植物姿态狂野，富有生命力。

在自然界外，这些重复的图案被运用在许多地方，从哥特式教堂到达·芬奇的画作《大洪水》（A Deluge）都可见一斑。杰克逊·波洛克的画作就是分形的，他大部分时间都坐在后门廊，从自然景观的形状中汲取灵感，然后挪步到屋里，在帆布上尽情挥洒颜料。或许，他的作品之所以大受欢迎就是因为他呈现了大自然的几何之美，而这足以震撼人心吧！物理学家理查德·泰勒（Richard Taylor）决定通过实验探究分形的学问。他发明了一个名为"波洛克程序"的装置，简单来说就是一个用线拴着的装有颜料的容器。泰勒通过一个喷嘴来调整容器滴颜料的量，借此画出了一系列图案，其中一些便是分形几何。实验对象共有 120 个人，泰勒一一询问他们喜爱哪些图案，其中 113 人选择的都是分形几何图形。

人们一直希望将分形和螺旋融入建筑设计之中。古埃及柱子的柱头借用了荷叶的形状，古希腊柱头的灵感则来自莨苕叶和羊角。在室内设计中运用形似自然的图案，能给家带来生机和活力。我们可以模仿蜗牛壳的黄金螺旋建楼梯，或者在铺地板时用上分形图案。英国室内设计师卢克·爱德华·霍尔（Luke Edward Hall）和邓肯·坎贝尔（Duncan Campbell）从自然中汲取灵感后，在他们位于伦敦卡姆登的公寓里，将珊瑚形烛台、贝壳形壁灯、斯塔福犬雕像和鱼形台灯融入了家装。如果你要想取材于自然，植物版画的室内布置是一个便捷之选。约瑟夫·弗兰克就将山谷里的雏菊、郁金香、玫瑰、勿忘草和百合花与想象中的花朵相结合设计了植物版画。

自然
Nature

自然
Nature

215

劳拉·亨特（Laura Hunter）自称"图案狂热者"，她在博客"无特色之墙"（No Feature Walls）上分享着自己对传统和手工艺壁纸的热情。她在牛津郡有一座乡间村舍，其中一间卧室里挂着一幅瓶花静物画，其背后的壁纸就是英国设计师威廉·莫里斯设计的"草莓小偷"（Strawberry Thief）的图案，图案中描绘着画眉鸟在菜园里的景象。她的另一间卧室里贴着莫里斯的"黑刺李"（Blackthorn）图案的壁纸，她还特意把图案倒着贴：

　　看样品的话，花朵本应该朝上，但我更喜欢它们头朝下的样子。这样，花朵看起来有些忧郁，或许恰好能反映出我的性格！

我心在草原 [①]

搬到乡下后的几个月里，我每天早上都遵循着同样的习惯：起床后，穿上长筒雨靴，走到花园里，拍一张山谷的照片。我有数百张拍摄于同一角度的照片：有些日子，薄薄的雾笼罩着田野；有些日子，阳光洒满树冠；有些日子，会有马儿走进附近的牧场，或飞来一只秃鹰寻觅早餐。有时，我感觉自己仿佛拥有了画家庚斯博罗惊人的绘画速度，每天都能记录下一种全新的景象。

当然，环境心理学家会告诉你，之所以这些景观能够让人心情好是因为那是典型的草原景观，符合瞭望—庇护理论。哪怕奥凯多超市被迫停止营业，我们只能依靠这片土地生存，也能轻而易举地找到河流，还能找到可以藏身的小灌木丛来躲避过路的老虎。时尚设计师贾斯珀·康兰（Jasper Conran）在多塞特郡的房子里，设计了自己的草原景观。穿过两扇门，你就能看到种着树的草地，十分平缓。从他的社交账号上可以看出，他和我一样热衷于拍风景照。

心理学教授蕾切尔·卡普兰（Rachel Kaplan）和斯蒂芬·卡普兰（Stephen Kaplan）率先研究了自然对人类健康的影响。研究证实，最受人们喜爱的自然环境，在神秘感和通透感之间达到了一种平衡。我们喜欢树林、树篱丛、弯曲的小径和连绵山丘的神秘感，但也喜欢能够一眼望到远方的可辨识的风景。环境心理学家莉莉·伯恩海默将其称为"一个可解之谜"。

或许，这解释了为什么我和很多人一样觉得雕塑公园特别吸引人。每当我走进法国拉科斯特城堡酒庄、丹麦路易斯安那现代艺术博物馆和英国约克郡雕塑公园之类的地方，就会感到无比兴奋。这种兴奋不仅因为艺术品本身，还因为在这些地方我能够在景观中识别规划出一条路，这条路吸引我朝着那些令人怦然心动之地一直往前走。这种景观设计对具有成长型心态的人来说有着致命的吸引力。英国杰出的景观设计师

[①] 此处原文为 My heart's in the savannah（ooh na-na），是仿照歌曲 *Havana* 的歌词 My heart's in Havana（ooh na-na）而写的，ooh na-na 在此为旋律音，无实际意义。——译者注

兰斯洛特·布朗（Lancelot Brown）认识到了这一点，还据此设计了一个平缓绵延的山坡，上面横跨着意式桥梁。

想象一下，和非洲大草原或是"万能布朗"① 设计的花园完全相反的景观会是什么样？我认为或许是类似曼哈顿的模样。曼哈顿的网格状布局缺少神秘感和视觉上的错综复杂感，也没有曲径通幽，没有神秘花园等你探索。车辆在坚硬的路面上飞驰而过，发出阵阵噪声，尾气在空气中弥漫，这种环境给人带来的压力超出想象。但对纽约居民来说，值得庆幸的一点是，他们至少还能在中央公园获得片刻喘息。中央公园有宽阔的生态水景，那里树木成林，视野开阔，人们能够看到远方可能面临的威胁，尤其是动物园里五百多斤重的灰熊。对狩猎采集者来说，那里是近乎完美之地。这样看来，中央公园两侧的上东区和上西区的公寓如此抢手就不足为奇了。

从我个人经验来看，人们愿意为有美景相伴的房子花费更多。新月住宅（Crescent House）位于伦敦城的黄金巷社区，20 世纪 50 年代由钱伯林、鲍威尔和邦建筑公司设计，是巴比肯住宅区的前身。街区一侧的公寓旁是繁忙的街道，街道对面是一些死气沉沉的建筑；而街区另一侧的公寓，虽然布局相同，却更畅销，就是因为那里视野开阔，噪声更小，周围的污染物更少。

当客户谈到对他们来说家里必不可少的东西是什么的时候，我最常听到的答案就是希望能在家里感受到四季的变化。创意总监杰思罗·马歇尔（Jethro Marshall）描写了他在英格兰多塞特郡莱姆里吉斯市的中世纪住宅里，与自然和谐共处的快乐：

> 如果非得选一个我最喜爱的东西，那可能就是花园尽头的三棵槭树了。槭树的叶子非常精致，一年里能有半年都在上演精彩绝伦的色彩秀，"季节分明"是这栋房子的一大特点。在这里，精心设计的现代生活空间与美丽的自然环境相结合，让我们能快乐地工作与生活。这两种相互结合的元素渐渐成了我们性格、志趣和生活方式的一部分，很难想象，没有它们，我们的生活

---

① 指上文提到的景观设计师兰斯洛特·布朗。——译者注

会是什么样的。

现代建筑一向注重自然景观。密斯·凡·德·罗设计的范斯沃斯住宅，全是直线线条、钢架结构，乍一看与自然界格格不入。然而，这座建筑建在小巧精致的架空层上，透过大面积的玻璃，居住者能够沉浸于花园美景之中。不过，很遗憾，住宅的主人范斯沃斯医生并不这么认为，她觉得房子太通透了，因此，她将密斯告上法庭，但最终败诉。后来，她接受了《美丽家居》（*House Beautiful*）杂志的采访，将这座住宅称作"高跷上的玻璃笼子"。

尽管范斯沃斯医生有种种疑虑，但这座住宅在建筑界的影响力不可估量。20 世纪90 年代早期，建筑师乔纳森·埃利斯 – 米勒（Jonathan Ellis-Miller）以此为灵感，为艺术家玛丽·雷纳·班纳姆（Mary Reyner Banham）设计了一个同样构架严谨且通透的工作室，但把它建在了剑桥郡芬斯地区的一条平平无奇的路上，给人感觉很不搭调。我们把这个工作室卖给了道格·查德威克（Doug Chadwick）和莫琳·查德威克（Maureen Chadwick）夫妇，他们正着手把工作室改成长久居所。他们说：

> 我们还没发现住在这儿有什么不好，我们都很喜欢这里的静谧。工作室南立面和西立面的落地玻璃和高架地板都很不错。从房子正面，我们可以一眼眺望到伊利大教堂的全部景色。我们在这儿住得越久，就越觉得舒服和快乐。

我们心知肚明，美景能提升人们的幸福感。瑞典查尔姆斯理工大学医疗建筑研究中心的建筑学教授罗杰·乌尔里克（Roger Ulrich）从科学角度对此进行了验证。他在《科学》（*Science*）期刊上发表了一篇重磅文章，题为《探究窗外景色对术后康复的影响》（*View through a Window May Influence Recovery from Surgery*）。在美国宾夕法尼亚州的一家医院里，术后的病人被分配到了相似的病房里，不过，有些病房的窗外是绿景，有些病房的窗外则是砖墙。结果表明，入住前一种病房的病人在护理记录中的负面评价更少，服用强效止痛药的次数更少，出院也更早。

自然
Nature

打造完美之家
A Modern Way to Live

自然
Nature

乌尔里克教授开展了进一步研究，证实简单的自然景观也能帮助人们缓解焦虑。他找来 120 个人观看一部让人产生焦虑的电影，之后，研究人员将观影者分为两组，分别向他们展示一张自然景观和一张城市景观的图片。其中，看到自然景观图片的一组观众的心脏反应有所改善，更快恢复了平静。

那么，从中我们能学到什么实用的方法呢？让所有人都搬去乡村肯定不现实，但是我们都值得拥有一间风景房。在你买房前搜索房源时，一定要考虑景观这个要素。我们有个客户针对伦敦附近的出租型公寓建立了一个小文件夹，他投资过各种地点和样式的房子，他的每一处房产都能观赏到周围的树木和公共花园，在对景观的追求上他毫不妥协。

如果你有幸住在风景优美之地，可以思考一下自己到底有没有把景色最大限度地利用起来。写到这里，我把书桌向左移了一点，以便透过树的缝隙眺望远处。或许你可以重新摆放床的位置，让自己清晨一醒来就能一睹自然风光，焕发精神。正如我们在"光"一章中所说，当我们欣赏窗外美景时，最好把窗帘和百叶窗全拉开，不要破坏风景的完整性。就像欣赏一幅风景画，没人会拿个粗画框把画的四周挡上。窗台也应该做低一些，这样一来，你坐在屋里就能眺望到窗外的景色，还可以让孩子们一起欣赏美景。

要是你在家里实在看不到自然风景的话，那最好的选择就是使用图画造景。在现代住宅公司伦敦总部，我们的市场部办公区旁边挂了一幅托比亚斯·哈维（Tobias Harvey）拍摄的巨幅拉达克山脉图。隔壁销售部挂了一幅安德烈亚斯·埃里克森（Andreas Eriksson）的油画，那是他受瑞典景观启发画的一幅岩层和树木抽象拼接画。

现代荒野风

回想一下我的"胡子爷爷",我脑海里浮现的是在英格兰哈洛镇的花园里,一位和蔼的老人在阳光下悠闲地漫步。他手里总是拿着一个泥铲,嘴里叼着装有三修女牌烟草的烟斗,在缭绕的烟雾之中闲庭信步。他总是心不在焉地把烟斗往外套口袋里一扔,然后"引火上身",我们早都见惯了这种事儿。

除了擅长"引火上身"之外,爷爷还在景观设计上独具天赋,这项技能甚至远远超出他的"老本行"——建筑技艺。爷爷设计的花园都向大众开放,这些花园是他留下的杰出的遗产。当我还在蹒跚学步时,就去他的花园里探险。斯特兰德大街上的库茨银行出自建筑师约翰·纳什(John Nash)之手,1978 年进行改造时,爷爷为它设计了一个壮观的现代中庭,还抢救回一些新古典主义风格的柱子,我哥哥和我就在这些柱子间穿梭玩耍。爷爷还用榆木为我们建了围有壕沟的"城堡",于是,我们就在那里玩战争游戏。

有一次,一位记者到爷爷家采访他,恰巧衣着朴素的爷爷当时刚从花坛里走出来。记者错把他当成了园丁,还问他弗雷德里克先生在哪儿。爷爷赶紧脱下了帽子,让记者沿着小路往前走,然后按门铃。此时,爷爷飞速地穿过厨房入口,举止夸张、笑容灿烂地打开了门。

在接受英国广播公司电台第四频道《荒岛唱片》(*Desert Island Discs*)节目的采访时,爷爷说,拾弄花园是他唯一不用绘图板就能做的设计。打理花园时,他会不知疲倦,无论做什么重活儿都不觉得费劲。我自己搬到乡村后,就完全理解了为什么有人选择与大自然共度余生,并且不断地美化自己花园的景观。

斯里兰卡建筑师杰弗里·巴瓦(Geoffrey Bawa)就有过与大自然共度余生的冲动。1949 年,他在斯里兰卡本托塔附近买了一座不起眼的橡胶种植园,名叫卢努甘卡庄园。在 18 世纪英国景观和文艺复兴时期意大利景观设计的启发下,他花了 50 年逐渐将其改造成一座非凡的游乐花园,花园里渐渐出现了各式亭子和雕塑,他还移走了山丘,种上了树,建起了露台,庄园内的旧路都被埋藏在隐篱之中。

自然
Nature

多年前，一家旅行社委托我和费伊去考察斯里兰卡的一家新酒店，我们一直想去参观卢努甘卡庄园，那次终于有了机会。当天下午，我们走在庄园的花园里，偶遇一只天堂鸟像个悠悠球一样穿梭在湖泊和树枝间。然后，我们又见到一只身形庞大的巨蜥，朝我和费伊吐着它那分叉的舌头，非常可怕。后来，我们来到露台上，服务员给我们端来了金汤力，我们便在黄昏下观赏着猛禽捕食蝙蝠。

戴维·罗布森（David Robson）对杰弗里·巴瓦设计的卢努甘卡庄园进行过全面的考察，他把庄园描述为"一幅绿配绿的单色作品，一出变幻莫测的光影戏，其中处处藏着出其不意的美景，让人难忘，又带给人无穷灵感"。在我看来，我们在设计田园景观时应该追求的就是卢努甘卡庄园这种现代荒野风，而不是执迷于鲜花和喷泉遍布的凡尔赛宫风格。环境学家伊莎贝拉·特里（Isabella Tree）在其《野生化》（*Wilding*）一书中充分论述了让大自然占据主导地位的好处。特里自身也是姓名决定论①的代表人物。特里和她的丈夫查理·布雷尔（Charlie Burell）在他们位于西萨塞克斯郡的庄园里开启了一场"再野生化"之旅，结果，庄园里来了大量鸟儿和昆虫，数量之多着实让他们震惊。她写道：

> 2002年的夏天，真是令我喜出望外。每天清晨醒来，我都可以拥抱开阔而平坦的大草原，向窗外望去，眼前工业化养殖的痕迹已经无影无踪。没有被翻动的土壤，没有机械设备，没有一排排的耕地，也没有栅栏。将公园恢复为永久牧场不仅拯救了橡树，对我们来说也是一剂补药。土地从无休止的耕作中解脱出来，似乎也松了口气。土地放松了，我们也放松了。最明显的变化就是周围低声环绕的虫鸣声消失了，我们当初怎么也想不到现在会如此想念这些虫鸣声。

---

① 姓名决定论（Nominative determinism）是1994年《新科学人》（*New Scientist*）杂志率先提出的假说，声称人类倾向于根据姓名选择适合的职业方向。伊莎贝拉·特里的姓氏"Tree"是"树"的意思。——译者注

2009 年，也就是这个集约耕作型庄园野生化转型的第 8 年，百年不遇的乌鸦首次现身园内，还引来了不少英国濒危物种红色名录里的鸟类驻足，包括红翼鸫、田鸫和小朱顶雀等。

根据英国皇家鸟类保护协会（RSPB）的数据，1966 年英国境内的鸟类数量比现在多 4 000 万。1970 年以来，昆虫和其他无脊椎动物的数量减少了 50% 以上，蝴蝶数量减少了 76%，飞蛾减少了 88%。越来越多的怡人绿地不是用作建筑用地，就是被改造成耕地，用来服务快速发展的农业，导致野生动植物数量急剧下降。特里和布雷尔基于自身经验，成立了名为再野生化英国（Rewilding Britain）的慈善机构，其目标相当远大，他们要在今后的 100 年内，将至少 100 万公顷，即 4.5% 的英国不列颠群岛土地以及 30% 的英国领海恢复到野生状态。

我和费伊也决定为保护野生环境尽自己的微薄之力。我们有一个围场，以前是个装着通电立柱围栏的牧场，现在我们给围场松土种上了野花。我们还咨询了乡村环境修复的专家查尔斯·弗劳尔（Charles Flower）①，姓名决定论在这里再次应验了。我们打算在草地上修几条平缓的小路，留些空地供孩子们玩耍，再多种些树。

耶鲁大学林业与环境研究学院发现，自人类文明诞生以来，世界上的树木数量减少了约 46%。德国林务员彼得·沃莱本（Peter Wohlleben）说，树木像我们一样有家庭和社会网。成熟的"父母"会小心翼翼地用树冠阻挡照到下方"树宝宝"的阳光，保护它们慢慢成长，长出又粗又壮的树干。只有这样，树木长高后才能抵御疾风和真菌的攻击。假如同"社区"的一棵树倒了，周围的树就会向它输送营养和水分，让它的树桩能再存活几个世纪。

托尔金笔下会说话的树人恩特②也许只是幻想的产物，但树木之间确实会用它们独有的"化学词汇"交流。树木可释放一种叫作芬多精的挥发性化合物，能吸引有益昆虫、杀死害虫、阻挡捕食者。科学家发现，当长颈鹿来觅食时，非洲大草原上的金合

---

① 查尔斯·弗劳尔的姓氏 Flower 是花朵的意思。——译者注

② 出自托尔金所著小说《魔戒》，是一种似人又似树的智慧生物，他们的出现主要是为了保护树木不受其他生物的破坏，因此恩特又被称作"百树的牧人"。——译者注

打造完美之家
A Modern Way to Live

欢树会向空气中释放芬多精，提醒朋友们危险即将到来，好让它们迅速调动免疫系统。

　　神奇的是，人体竟也能破译这种植物语言。人体收到信号后，也会加强防御，与树木的防御方式类似。森林中的空气会诱使人体形成自然杀伤细胞，这种细胞能防止癌症发生，抗击体内已有的肿瘤。日本医科大学的李卿教授在一项研究中发现，在自然中散步一天，人们血液内自然杀伤细胞的数量平均会增加 40%。

　　树木和其他植物也能刺激人体内分泌系统，降低人体内应激激素的产生。雨后，当蘑菇的土腥味充斥人们的鼻腔时，这种感觉尤其强烈。李卿教授也弄清了其中缘由。日语中 shinrin-yoku 一词翻译过来是"森林浴"，意思是在野生环境中，让所有感官与自然建立起联系。日本国立保健医疗科学院（National Institute of Public Health，简称 NIPH）将森林浴作为一种合法的身心疗养方式进行推广。

　　日本超过三分之二的土地被森林覆盖，这也许能解释为什么日本对树木如此崇敬，而英国尚不及之。英国乡村大部分土地都是耕地，让大自然无从落脚。彼得·沃莱本解释道：

　　　　我们一踏进农田，植被就变得非常安静。经过选择性育种，我们耕种的植物大多失去了在地面或地下交流的能力。植物默不作声，很容易成为害虫的猎物，这也是现代农业大量使用农药的原因之一。也许农民能从森林里汲取智慧，特意在谷物和土豆中播种更多"野性"，好让这些作物以后"健谈"起来。

　　我们每个人都可以尽一份力，多种一些新的树木，好好养护已有的树木。多年前，我们的院里有棵柳树挡住了草坪的阳光，让草地沦为沼泽地，于是，我们便砍掉了它。现在，我和费伊非常后悔，即使种了几棵新树也难填心中的愧疚。大自然确实有它天然的弱点，也可能会带来一些不便之处，而现在我对自然的包容之心越来越大了。我们花园里有棵破了相的老槐树，只有一个枝干支撑着，就像个病床上的病人。奇怪的是，我对这棵树产生了依恋之情。树木不会依我们的审美而改变，过度修剪只会导致它走向消亡。如果大片树冠被剪去，树木的光合作用水平会降低，那么，根系就会因

自然
Nature

缺乏养分而大面积死亡。同时，真菌会侵入树枝被截断的部位，而后攻击树木的内部。

　　我们要明白，人造环境对树木的健康极其不利。由于气温持续攀升，化石燃料燃烧释放出越来越多的二氧化碳，全球树木的数量巨幅减少。花草树木像人类一样，也是通过光获取能量和信息，而光污染会打乱植物自身的昼夜循环。沃莱本引用了德国杂志《花园办公室》（ _Das Gartenamt_ ）里的一篇文章，该文章写道：在美国的一座城市里，所有死亡的橡树中，有 4% 是因为夜间受到过多灯光照射而死的。晚上在家时，建议你拉上窗帘，调暗灯光，让窗外累了一天的大自然也好好休息休息吧。

　　树的寿命远长于人类，有的能活上数千年。如果一些新建筑非建不可，那我们也应全力保护大自然中这些受人敬重的"年迈老人"。例如，加利福尼亚州的巴斯住宅（The Bass House）就是围绕一棵巨大的意大利松而建的，那棵树就像一把遮阳伞，撑起一片阴凉。伦敦 6a 建筑师事务所对建筑评论家罗恩·穆尔（Rowan Moore）的家庭住宅进行了扩建，建筑师设计了一座树屋。他们为了绕开一棵漆树，让这座树屋凹进去了一部分，然后将其一直延伸到一棵桉树之下。

泛蓝调调

去年夏天格外炎热，一觉醒来总是感觉空气黏糊糊的。这种情况下，你就要作出选择：是躺着不动，还是尽情泡在凉水里。要是家里有孩子，躺着不动这个选项是不可能实现的了。所以，我穿得像 20 世纪 80 年代输了球的乒乓球运动员似的，裹着吸水性很强的厚绒布毛巾，先是把孩子们哄进车里，然后驾车前往泰斯特河的一处支流，那是我知道的距离我们最近的一处流动水体。到了那里我才发现，有几百人跟我的想法不谋而合。这处颇具田园风情的地方，通常只有我们一家和一群冷漠的牛会突然造访，现在却像西班牙海滨度假胜地一般热闹。河岸边，毛巾和野餐毯遍地都是，一对对情侣在充气火烈鸟上嬉戏，还有一群孩子把渔网往芦苇丛里使劲按，甚至连浑身湿漉漉的牛都在浅滩拍水，用它们疲倦眼皮下的大眼睛打量着它们的人类同伴。

尽管人类的某些行为并没有做到尊重环境，但大家对大自然的感情是实实在在的，对大自然的向往之情也是不谋而合的。比如水对人类具有强大的吸引力，所以大部分社区都是依水而建的。以前住在海格特时，我就经常去汉普特斯西斯公园游泳，即使寒冬我也照游不误，在幽暗的水下，我那负荷过重的大脑可以好好放松一下。

关于"蓝色健康"（blue health）的环境心理学实证研究相对落后，但可以确定的是，在大自然中，有河流、湖泊和海洋相伴，会让我们的心情更好，压力更小。埃克塞特大学欧洲环境与人类健康中心的一个团队复刻了罗杰·乌尔里克在 20 世纪 80 年代做的绿景实验，他们向一组参与者展示了各种风景照，但在这次的照片里增加了水生动植物。比起没看到水景图片的实验参与者，看到水景图片的参与者对照片产生了更强烈的喜爱感，并产生了更积极的心态，病情也好转得更快。有趣的是，城市水景图得到了和自然绿色空间同样正向的评价。

在此基础上，该团队通过英格兰自然署的数据进一步证实，人们住得离海边越近，就越健康，这个结果在一定程度上解释了为什么海边的房子更贵。我们父母的房子出售时的价格就很高，比要价高出了 25%，就是因为那里可以看到英吉利海峡的入海口。城市里也一样，水道或河流旁的房子往往更受追捧。

自然
Nature

位于伦敦的 5 号平台建筑事务所（Platform 5 Architects）的合伙人帕特里克·米歇尔（Patrick Michell）当初决定给自己建一座度假住宅时就想找一处水边的住所，不想要景色一成不变的居住环境。所以，他选址在诺福克湖区一处隐蔽的环礁湖边，将房子建在了吃水线之上，让洪水能从观景木台下流过，避免洪涝灾害。他说一家人周末去那里小住，对身心健康都有好处：

> 周五晚高峰后，我们会驱车来这里。有时孩子们在车里就睡着了，我们会直接抱他们去睡觉。第二天起床后，大家会先吃早餐，然后开始各种各样的活动，比如划独木舟、去沙滩堆沙子、游泳、到海岸探险、去酒馆吃午餐、租船游玩等，冬天还会去看海豹，就这样度过充实的一天。有时，太阳从诺福克湖区落下时，我们还会去划船。对我来说，这就是一栋房子的意义。来到这里，彻底被大自然包裹，我们经历的是一场特别的体验。离开时，我们的内心都得到了洗礼，抛开了一切繁杂思绪，只不过我们得提醒自己的大脑，要恢复运转了。

只有当你感觉自己远离一切，置身陆地之外，除了闲逛无所事事时，大脑才能真正放松下来。建筑师保罗·斯克里夫纳（Paul Scrivener）每次去林肯郡安德比海滨的家时，都能获得前所未有的专注力，他这样描述道：

> 有个朋友问我：怎么去安德比溪了？在他看来，那里比世界的尽头还远！确实，除了读书、绘画、烹饪和放松休息，我在那里其实并没什么可做的。所以我在花园里建了个工作室，在那里画画、写作或单纯放松是不错的选择，都是在与大自然交流。我把狗也带了过去，领着它和孩子们在沙滩上和林肯郡丘陵上闲逛，这种感觉特别棒。如果周五下午就可以到那里，一个周末小假期仿佛足足有一周那么长！

水景是可以融入日常生活的。现成的水景大多数让人一言难尽，我脑海里马上浮现的是丘比特尿尿①的经典画面，不知有没有"同道中人"。但如果可以多下些功夫，在露台结构中融入水体，让水面反射倒影，吸引闪闪发光的蜻蜓，就会美观许多。

小时候，我家里的花园里有个池塘，爸爸将池塘建在了一个斜坡之上，所以池塘的一端总是会露出来。我们往池塘里灌蝌蚪，看青蛙跳来跳去，其乐无穷。我们还可以用旧花盆、废弃的水槽或洗菜盆做一个简单的池塘。设计师西蒙·巴恩斯（Simon Barnes）写道：

> 英国人的住宅就是他们的城堡，但没有护城河的城堡就不能算是真正的城堡。城堡的灵魂和意义在于水，有了水，周围的一切就有了生机。池塘是舞台的中心，是花园的焦点，能夺人眼球，吸引其他生物。更重要的是，池塘体现了花园的意义。一旦有了池塘，就意味着你舍弃了自己的部分主权。花园不是用来炫耀你的园艺技能的，而是用来满足人类深层次的愉悦需求的。花园不是仅为人类而生，更不是一直服务于人，它服务的是花园里的每一种生物。

建筑设计师乔纳森·塔基在伦敦女王公园有一个朴素的城镇花园，并在里面建了一个跌水池，让他能够在炎炎夏日尽享清凉。水从厨房的水龙头沿着外面的一个集水口流进池塘。孩子们喜欢把船模放在水池里，看着船顺着水流漂动。他说：

> 伦敦是地球上最棒的地方之一，它的多样性、丰富性让人产生不竭的动力。但有时，在城市建筑中，你的感官可能会有些抽离感。因为我们执着于把生活中，甚至是地球上那些重要的感官体验一次性装进房子里。

---

① 虽然原文为 urinating Classical cupids，但事实上作者指的可能是位于比利时布鲁塞尔的小于连铜像。小于连是一个救火小英雄，显然把小于连铜像比作"一言难尽的水景"不妥。故此处依照原文译为"丘比特"。——编者注

打造完美之家
A Modern Way to Live

其中一种重要的感官体验就是听觉。比如，流水声除了能刺激膀胱这一点令人有些苦恼之外，这种声音能让我们更加放松。这可能是因为对我们的祖先来说，听见流水声代表着食物就在附近。流水还有助于过滤掉繁忙公路上和头顶飞机传来的噪声。买水槽和落水管时，选择镀锌金属的，别用塑料的，或者更简单一些，直接使用落水链，这样在暴雨到来时，雨滴奏出的管弦节奏就会更加清晰。

诺福克郡有一个改建在木桩上的帆船学校，小时候，我们许多个假日都是在那儿度过的。学校正门是一艘翻转过来的船体，墙上装饰着旧帆船绳索、浮标、渔线轮，还有一个盒子，盒子里装着将近 20 斤梭子鱼。身处那个环境，你会坚信自己与水有着天然的联系。孩子的浴室是享乐的好地方，鱼儿图案的壁纸或是绘有蜻蜓或鸭子的瓷砖都能构造出一种水生环境的感觉。

还有一些更简单的事情可以做，比如多洗澡。最近我做了一次基因检测，结果显示我有痴呆症的倾向。我的"处方"是什么呢？就是每天洗一次冷水澡，每周进行三次野泳。冷水能唤醒我们的免疫系统，增加白细胞数量，消耗卡路里，激活内啡肽，还可以提高性激素睾酮和雌二醇的水平。要是你想有置身于海浪中的感觉，站着淋浴就是最好的方法，源源不断的"蓝色噪声"会将我们从每天过度的视觉刺激中解放出来。

要想淋浴真正有效果，水流一定要打在人们的皮肤上，想象一下护发素广告中站在瀑布之下的斯堪的纳维亚女人。要达到这种效果，就需要有个恒温水龙头，水压也要正合适。有必要的话，你就装个水泵，毕竟淋浴头如果只是滴滴答答的可就太惨了。如果家里空间充足，你最好将淋浴融入洗手间的总体设计中，使之成为一体，周围装上定制的玻璃面板，可以留一个面敞开，确保排水管与地面无缝衔接。

如果早上洗个冷水澡的效果类似于喝杯冰咖啡，那么，晚上泡个澡就像喝一碗热气腾腾的保卫尔牛肉汁一样舒爽。我有个朋友每周末都要在浴缸里泡上几个小时，放空自己，读读书，让热气穿透脑细胞，出浴时仿佛变成了一只皮肤皱巴巴的沙皮狗。沐浴在全世界都是备受重视的一种仪式：在巴厘岛，人们把自己淹没进洒满花朵的水中；日本人在地热温泉中聚会；爱好草药疗法的印度人将自己浸泡在牛奶里，不知道白软干酪是不是就是这么发明的。

自然
Nature

打造完美之家
A Modern Way to Live

自然
Nature

只要你愿意，还可以把浴缸放在房间中央。这种做法确实豪放，但也绝对更能体现浴缸的价值。你甚至可以更大胆一些，把浴缸抬起来，下面放个基座，像国王的宝座或古代的石棺一样。如"光"一章里所说，卫生间应光线昏暗，让大脑能够放松。如果你敢尝试，甚至可以考虑像建筑设计师乔纳森·塔基一样，完全省去人工照明。他解释道：

> 在设计房子的起步阶段，我们去了一趟日本。日本人对沐浴的重视真的带给我很多思考。对大多数人来说，沐浴是每日必做之事，但不知为何没能引起足够的重视，在乏味的空间里，人们总是草草了事。所以，我们在家庭浴室里没有安装任何灯光，而是点蜡烛作为装饰，把沐浴变得更有仪式感。在过去的 20 年里，我们的浴室里只有氛围感很强的烛光。

大自然的神奇功效

　　尽管我和费伊在伦敦有幸拥有一个大花园，但我们的房子紧挨着一条主干道，总有公共汽车和卡车隆隆驶过，这也是我们决定搬出伦敦的主要原因之一。因迪戈得了一种类似哮喘的呼吸系统疾病，叫"病毒诱发性喘息"，之后，我们便成了急诊室的常客。每次去急诊时，因迪戈的病房里都有许多像她一样的学龄前儿童，他们吸完舒喘灵 ①，戴着呼吸机大口喘着气。

　　说实话，因迪戈日常的行为表现并不好，我猜想，她的这些表现或多或少与环境有关。她去的幼儿园在教学和保育方面都非常出色，但这家幼儿园丝毫没有室外空间，就连那种中间种着一丛草的铺路板也没有。幼儿园只能把滑梯、自行车这类设施安装在室内，但他们一周会组织孩子们去几次小花园广场，车接车送，在室外玩儿大概半个小时。不过，进行室外活动的前提是老师们有精力，且天气良好，也没有奇怪的人在附近出没。

　　瑞典农业科学大学的环境心理学教授帕特里克·格兰（Patrik Grahn）证实了我的猜想：孩子在身心发展过程中确实需要与大自然接触。他从事一项研究，将两个幼儿园里的孩子进行了对比。一个幼儿园修建了运动场，四周都是高楼大厦；另一个幼儿园则建在林地和草地之中。结果发现，能够在自然环境中玩耍的那个幼儿园的孩子身体协调性更好，专注度更高。

　　大自然能调节人的行为表现，美国作家兼记者理查德·洛夫（Richard Louv）将此现象称为大自然的神奇功效。在《林间最后的小孩：拯救大自然缺失症儿童》（*Last Child in the Woods: Saving Our Children From Nature-Deficit Disorder*）一书中，他写道："童年时期与自然界缺乏身体接触的人会更容易产生抑郁情绪和注意力障碍。"环境学家伊莎贝拉·特里也指出：

---

① 又名沙丁胺醇、喘乐宁，是一种较安全、常用的平喘药。——编者注

让一些年轻人在自然保护区内漫步，并测量他们的血压、脉搏和皮质醇水平，就会发现他们的负面情绪有所缓解，产生了更多正向情绪，行走于城市环境中的人却恰恰相反。通过与大自然的接触，年轻人会更加自律，他们身上的易冲动、攻击性强、好动和注意力不集中等问题都会得到改善。有些孩子常被欺负、挨罚，或因家庭矛盾而饱受折磨，对他们来说，亲近自然不仅能帮助他们释放压力，还能帮助他们找到自我价值。

室外活动能激发孩子的想象力，有助于治愈长久的精神创伤。室外活动还能培养孩子评估风险、解决问题的能力，开发他们的创造力。看着雷恩和埃塔为了打造精灵花园，踉踉跄跄地跑着收集树枝，我清楚地意识到，她们的这些行为都是出于本能：脱下鞋子、光着脚奔跑是她们的本能，这样的行为将她们与土地联系起来，让她们能感受到泥土的自然质感。不可否认，她们毁了我们不少花，但至少在干"坏事"时，她们也在呼吸着新鲜空气。心理学教授蕾切尔·卡普兰和斯蒂芬·卡普兰说，大自然有种"天然的魅力"，也就是说大自然随时随地都可以吸引我们。

英国一项调查发现，74% 的儿童待在室外的时间比囚犯都少，这个数据着实令人沮丧。因此，我们必须尽可能给孩子们创造机会，让他们接触大自然。以我的经验来看，好的装备是成功的一半。下雨天，孩子们一般都会开开心心地往花园里跑，因为她们有雨靴、雨衣，羊毛衬里的工装裤还配有马镫带，防止裤腿往上跑。在周围散步时，我们会用金属饭盒装好三明治带着，饭盒要放进防水的背包里。打雪仗时用的手套，在河里划船用的一脚蹬溯溪鞋以及保暖用的干袍子，这些装备我们应有尽有。

如果你家里有蹒跚学步的儿童，那就在圣诞袜里装一个放大镜作为礼物，孩子们可以用它来搜寻蚂蚁、小老鼠、蠕虫和甲虫，在这个过程中，你至少能得到 10 分钟的安宁。孩子们喜欢和父母一起建造虫子旅馆，收集树木、干树叶和柔软的厚苔藓。当然，最后的成品可能和四季酒店差得有点儿远，看起来更像阴森的贝茨旅馆[①]，但孩子

---

① 指的是美国恐怖电视连续剧《贝茨旅馆》（*Bates Motel*）中的旅馆。——编者注

们很有可能都不会注意到这些。对于大一点儿的孩子来说，可以给他们买一副双筒望远镜和一本关于鸟类或蝴蝶的书，鼓励他们真真切切地观察周围的自然界。即使给他们买个便宜的足球也不错，小时候，每个周末，我除了睡觉几乎都在花园里踢球，假装自己在温布利球场上比赛。

造一个树屋或印第安帐篷也可以给孩子们一个有安全感的专属空间。比如我女儿，给她一个漏网和木勺，她自己就能在沙坑或戏水池里待上好几个小时。我们还给孩子们围了一块专属用地，再给她们一些种子和一套园艺小工具，包括几个儿童泥铲和一个洒水壶。培育植物和照顾家庭宠物差不多，都可以帮助孩子们培养责任心，学习如何照料小生命。让孩子们从小了解大自然的奥妙，我们也能够培养出尊重环境的下一代，毕竟他们才是大自然未来的守护者。

建筑师萨莉·麦克勒思特地在诺福克找了一个类似于《燕子号与亚马逊号》（*Swallows & Amazons*）中探险荒岛的地方，将一座灯塔改造成自家周末休闲娱乐的场所。她介绍道：

> 在伦敦抚养孩子后，我才真正地意识到，我想让孩子经历一下我的童年，而不是像现在这样不停地接送他们去各种朋友聚会、体育中心参加各类活动。孩子尚小的父母周末都堆满了事情，可我觉得，享受生活很重要，不要让生活过于忙乱。这栋房子有趣的地方就是每个人都有一个可以安静独处的地方，虽然不会完全脱离城市生活，但是在这里我们可以穿着破洞的运动衫，穿上雨靴到沙滩边散散步，看看海豹。我们还可以做很多在伦敦做不了的事情，比如摘水果做果酱现在已成为我们的家庭传统了。

一家人在一起干干农活确实能更好地维系彼此之间的关系。还记得以前我常和妈妈一起剥豆子，和爸爸一起点篝火，这些都是我最深刻的童年回忆。

至于小婴儿，他们每天就是吃了睡、睡了吃，室外活动的时间远远不够。室外活动能够提升孩子的运动技能，激发学习能力，帮助他们更好地抵御疾病，建立自己的

生物钟。我认识的很多家长都践行了北欧的育儿理念，他们会把婴儿车推到室外，找一个安全的地方，让孩子在那里午睡。

　　因迪戈出生后不久，我们就稀里糊涂地踏上了去往西班牙安达卢西亚的旅程。我们两个新手家长非常焦虑，临行前什么都打包好了，就是忘了带咖啡机。我们还装了一箱婴儿湿巾和配方奶，结果被罚了 300 英镑，我和费伊直接在登机柜台前崩溃了。终于到了租的房子，我们却发现除了天气特别热之外，其他跟在家里没什么两样。每天，我们都困倦不堪地去超市采购，然后回来做饭洗碗，再给孩子换尿布，当然大多数的时间还是花在了哄孩子睡觉上。过了几天，我们发现花园一角有一个成熟的橄榄树，非常漂亮。我抱起因迪戈，把她放到树下的一张羊皮毯上。阳光穿过树枝，零零碎碎地打在她的身上，她忽然就停止了哭泣，睁大了眼睛，盯着巨大的树冠，一边蹬腿一边开心地喃喃自语。我和费伊在她旁边躺下，听着鸟叫和树叶簌簌的声响，好好地睡了个午觉。自然又一次拯救了我们。

自然
Nature

Decoration
装饰

"室内设计师要能感受到房子的个性，
不要与之背道而驰。
我喜欢发掘房子的生机，并将它们好好利用。"

南希·兰卡斯特
Nancy Lancaster

家的点睛之笔

10 岁时，我才真正意识到自家房子和别人家的不太一样。一天早上，我一如既往地下楼去吃滚烫的果酱馅饼，忽然看见桌子上有本关于室内设计的书，上面有一张我家浴室的照片，看起来很花哨。浴室地上铺着红色橡胶地垫，上面有凸起的防滑圆片，一直铺到了独立式浴缸的两旁；水龙头、窗帘和门用五金的颜色相互搭配，并以深红色点饰；框格窗旁，一个女超人的纸板像挂在墙上，两条腿的姿势非常霸气。

我妈妈受英国作家乔卡斯特·英尼斯（Jocasta Innes）和 20 世纪 80 年代 DIY 装饰风潮的启发，历时数日，在门厅用海绵和刷子仿制了大理石纹，最后的成品却酷似斯蒂尔顿蓝纹芝士。在我家的餐厅，一整面墙的置物架上放了数百个吐司架，有的是纯银制成的银器，有的是斯波德牌（Spode）奶油色的陶器，有的是镶着金边的装饰艺术风格的瓷器，它们都快把置物架压弯了。小时候，阿尔伯特来我家里玩时，说我家是个"吐司架博物馆"。我的家就是这么与众不同，而我们爱的正是它这一点。20 世纪90 年代的一天，我父母把房子卖给了主持人克莱夫·安德森（Clive Anderson），就是电视上常出现的那个冷面笑匠。

后来，我们搬去了附近另一座 19 世纪的联排别墅，从那时起，我开始对室内装饰产生了浓厚的兴趣。我帮爸爸在地下室搭了一个供小孩子玩耍的秘密基地。在楼梯底部，原有的筒拱裸露在外，墙面维持原始状态，在地下室的尽头，我还挂上了橙色和亮粉色相间的帘子用来吸引人们的视线。我们把哈比塔特（Habitat）牌沙发连同一些传家宝都搬了进来，包括一把瓦西里椅和一台复古老虎机。在卧室的角落，我们装了一间小浴室，墙面是弯曲的，就像台球桌上的球袋。那年，我的圣诞节心愿单上只有一件东西，那就是菲利普·斯塔克（Philippe Starck）设计的冷热混合水龙头。

我人生的第一份工作是化妆品电话推销员，但最终以失败告终。那时，我就意识到我应该试着把自己对设计和写作的热情融入工作中。当时，阿尔伯特在建筑杂志《蓝图》（*Blueprint*）谋得了一份编辑助理的工作，建筑杂志的编辑对我来说简直是世界上最酷的职业了。于是，我带着一支彩票站送的圆珠笔和笔记本就去了报刊店，只要看到封面上有关于房子的内容的杂志，我就会把主编的名字记下来，然后开始给每个人写自荐信："亲爱的布鲁尔先生""亲爱的克鲁女士"，我真的写了很多封自荐信。可是，《家居世界》杂志发行人那一栏的名字让我感到困惑——米恩·霍格（Min Hogg）。我问阿尔伯特："这是男的还是女的？"他给我出主意："那你就写'亲爱的米恩·霍格'。"

结果，《家居世界》的编辑鲁珀特·托马斯邀请我参加了一场面试，他当时身穿一件花呢夹克，一件维维安·韦斯特伍德牌的绑带裤。他向我解释说，他刚担任编辑不久，所以很缺人手，正在广纳贤才。入职后的几个月，我总去"时尚之家"的小食堂里取餐。在一家叫"哈奇"的小餐馆里，有个留着胡子的名叫托尼的葡萄牙人，他能熟练地在吐司上涂上厚厚的人造黄油，而且服务态度特别好。但自从鲁珀特给我布置了第一个写作任务，我便在写稿的路上一去不复返，过程中得到了他许多热心的指导。我对好品味的理解不断受到冲击，尤其是收到自己新名片的那天。我打开名片盒一看——棕褐色的背景上印着浅黄色的字，难看至极。

为杂志撰稿有一点很奇怪，那就是除非犯了大错，否则你很少会收到读者的反馈。我曾经收到过艺术史学家温迪·贝克特修女（Sister Wendy Beckett）手写的一封投诉信，说我的评论有失偏颇。我还把川久保玲新开的"像男孩一样"服装店的地址写错了。她略显恼火，但我完全能理解她的怒气。不过，当初有一只古董公鸡一个月后要上拍卖会，我在拍卖清单上写了："闪闪发光的金鸡①，等你下手！"好在这个一语双关没有被人注意到，不过，即使用了"粗俗的语言"，大家也不会因此买账。

话虽如此，那些最好的家装杂志还是在影响着我们的生活方式。20世纪50年代，《住宅与庭院》（*House & Garden*）杂志开发了自己的色卡，并且每年更新。它让大家逐渐相信，在家里涂上一点涂料不仅赏心悦目，也能振奋精神，激发人们的想象力。到了80年代，《家居世界》就像厚垫子里炸出的羽毛，突然出现在大众的视野中，不断宣扬可剥离式涂料和老旧时髦家具的好处。再往后的10年间，泰勒·布鲁尔（Tyler Brûlé）的《墙纸》杂志教我们如何过上北欧都市人的梦想生活。最近几年，我们先是沉浸在

---

① 原文使用的 cock 一词，既有"公鸡"的意思，也指男性生殖器。——译者注

装饰
Decoration

《公寓》（*Apartamento*）杂志推崇的那种灯光闪耀、离经叛道的新潮家装中，然后"整理衣衫"，投入生活杂志《亲属》（*Kinfolk*）精心营造的优雅世界里。

有一些产品设计具有划时代的意义。比如在我记忆里，20世纪90年代属于菲利普·斯塔克设计的火箭形柠檬榨汁机和苹果公司色彩缤纷的iMac电脑。伦敦有一个家庭博物馆，以前叫杰弗瑞博物馆，里面展示着不同历史时期的室内装饰实物模型，向我们展现了家装美学的变化轨迹以及各种生活方式的诞生与消亡。如今，我们可选择的家装款式和产品太多，经历了各种潮流和反潮流，人们作选择时总是感觉眼花缭乱。可归根结底，优秀的设计是永恒的，同时也因人而异。无论选择过极简的生活还是极繁的生活，我们都应该想想，这样的生活是否能让自己产生情感共鸣。当然，还要了解历史，这样才能创造出属于自己的室内设计。

装饰
Decoration

251

增添色彩

从室内装饰的角度来看，要想让住宅富有个性，第一步就是增添色彩。如今在许多事上我们都有太多选择，这加重了我们的选择困难症，我们的前几代人就没有这种烦恼。丹麦城市规划师斯坦·埃勒·拉斯穆森（Steen Eiler Rasmussen）在《建筑体验》（*Experiencing Architecture*）一书中说道：

> 大自然为人类提供了建筑材料，人类也通过实践证实了这些材料确实坚固而耐用。住宅墙壁的原材料可能是建筑工地挖来的硬泥，或是附近捡来的石头，还可能混有细枝、柳条和稻草。最后，一座自然成色的建筑诞生了，而这座住宅就像鸟巢一样，成为自然景观不可或缺的一部分。原始人用花环装饰中性色的木床，或用彩色织物装饰黏土小屋的墙壁。因此，他们也会努力改善自然原始的生态环境，就如他们在自己古铜色的身体上挂五颜六色的装饰品一样。

黏土赭石是人类使用的第一种颜料，如今我们在史前洞穴壁画的夸张动物图案中还能看到黏土赭石的痕迹。这种泥土色系一直风靡了几千年，直到古埃及人发明了蓝色。古埃及人认为，蓝色是天堂的色调。时至今日，蓝色仍是室内装饰中最受欢迎的颜色。我们现在用的所有颜色都有一段悠久的历史。提尔紫在古时候只有精英阶层用得起，并且它的王室象征意义一直延续至今。伊丽莎白一世女王禁止除皇室近亲以外的人穿戴提尔紫色的服装。自古罗马时代以来，由于士兵穿深红色外衣，红色就变成了勇气的代名词，而黄色则与太阳的神圣力量联系在了一起。

世界上的颜色本就有许多，现在我们还需考虑颜色背后的含义，所以，我们最好从建筑物的特性开始思考。选好色彩可以释放建筑的天性与活力，如果你有镶板、檐板、壁炉架或旧门等装饰用品，可以给它们换个颜色，让它们变得更加显眼。在我们伊斯灵顿的乔治王时代风格的房子里，我和费伊装饰细木工板用的是埃默里＆西（Emery & Cie）品牌的墨水蓝和茄紫色光泽涂料，可以凸显房子原始架构的饱满性和完整性。搬去海格特的现代主义风格的房子时，我们意识到，线条简洁、用料朴素的建筑只有配中性色调的涂料才会相得益彰。再后来，我们搬到温切斯特的维多利亚风格的公寓里，我和费伊把房子天花板、踢脚板、橱柜和餐具柜等每个表面都涂成了珐柏品牌的"康福思白"。因为我们的房间不高，也缺少装饰线条或飞檐，所以有必要统一用色。

下一个需要我们考虑的因素是太阳的运动，因为自然光会很大程度上影响色感。拉斯穆森指出，在朝南房间用中性色调，可以反射光线，打造一个振奋人心的环境；而在朝北房间用暖色调，可以缓解死气沉沉的感觉。荷兰画家约翰内斯·维米尔（Johannes Vermeer）的工作室就朝北，他的画作便多了几分冷蓝调；而另一位荷兰画家彼得·德·霍赫（Pieter de Hooch）的画作则在朝西的房间里完成，在夕阳的沐浴下观赏他的画，可以从中感受到一种温暖。红色是浪漫的颜色，用在又暗又闷的餐厅里再合适不过了。餐厅的天花板可以尝试使用玻璃，在烛光照耀下会让就餐环境显得更加灵动。

厨房几乎是白天专用的，所以应该给人明亮、轻松的感觉。大自然中的颜色具有宁静之感的，适合用在卧室。即使是在同一个房间里，位置不同，光照程度也天差地别。要我说，你可以买几桶试用漆，涂在屋里的不同地方试试，比如先将这些试用漆用在窗户旁或壁炉架上等。你可以每天在不同的时间观察各种云层和光照强度之下涂漆的颜色变化。

总的来说，浅色往往会给大房间带来生气，深色会增加小房间的亲密感。我们家餐厅刷的是光赭色，这种颜色给人的感觉很原始、很舒适，尤其是在点燃壁炉之后。在卧室、衣帽间等使用率较低的房间里，我们可以稍微放开手脚，使用一些更大胆的颜色。我们在门厅的墙上贴了费伊自己设计的壁纸，壁纸上有她亲自创作的一幅乌黑色和深棕色相间的全景画。粗糙的橡木地板和切成块的木材散发出一种大自然的味道，让你确信自己是在一座乡间别墅里。刚刚走出漆黑的门厅时，你会发现厨房和客厅看起来更宽敞、更明亮了。墙面颜色我们用的是红调中性色，没用蓝调，这样的色调与整体布局更加和谐。在家里用同一色系的颜色确实感觉更连贯、更协调。我个人觉得，地板可以用深色，因为这样可以使地基看起来更稳固，而天花板最好用浅色，不然就会让人感觉天要塌下来了一样。

不久前，我去拜访了《谷物》的主编罗莎·帕克和她的丈夫里奇·斯特普尔顿（Rich Stapleton）。斯特普尔顿简约的建筑设计和风景照定义了这本杂志的精致美学。他们位于英国巴斯的画廊和办公室精心运用了中性暖色进行层层过渡，让一个个房间有了精美的层次排布，给人感觉更加漂亮和宁静。帕克对这种精妙的着色不以为意，她认为这只不过是简单的米色调罢了。每当我询问斯特普尔顿在某个地方用了什么颜色时，他都能翻出许多不同品牌的油漆罐，每罐油漆都是根据房间的朝向、光照和建材精心挑选出来的。

意大利艺术家亚历山德拉·塔恰（Alessandra Taccia）在绘制瓶子、壶和马克杯上的静物画时，非常喜欢用奶油色、灰色和水洗绿色。在选择家里的颜色时，她也不喜欢用张扬的颜色。她说：

> 我觉得颜色是有声音的，高饱和色声音很大，会让我特别心烦意乱。这栋房子里的颜色都非常柔和，完全不显眼，客人来访时也会感觉很放松。在这里，大家都可以做真实的自己。

每个人都有自己喜欢的颜色，这取决于我们的成长环境以及什么颜色的着装能衬托出我们的肤色。我一般倾向于冷色系，我们家墙面涂得通常都是标准版的建筑师白。但我皮肤很白，还有雀斑，所以，我很快发现颜色太白反倒会把我衬托得像个姜饼人一样。养育同卵双胞胎就像在做某种拓展性的社会实验，我家的双胞胎雷恩和埃塔在只有三岁的时候，就有了自己对颜色的品位。雷恩是冷肤色，所以最喜欢蓝色；埃塔肤色偏暖，所以更喜欢粉色。我也不知道这是天生的还是后天形成的，反正自从她们出生后，我们给她们穿不同的衣服，以防家人和朋友把她们弄混。

理查德·罗杰斯的建筑用色就非常大胆，他的穿着也是如此。有意思的是，他的儿子阿尔伯特·罗杰斯在自己的设计中采用了同样的主色调。阿尔伯特就很喜欢大胆的颜色，钟爱棕色和橙色。我们在经营现代住宅公司时，一直对色彩的使用很谨慎，无论是我们网站的颜色，还是营销材料或办公室里的颜色，我们都小心选用，因为我们明白大家在色彩上各有偏好。如果用大家对颜色的品位做一个韦恩图，就会发现有一种颜色所有人都喜欢——脏粉色，就是那种像干了的灰泥的脏粉色。

　　艺术家约翰·布思（John Booth）居住的空间就像他的作品一样用色大胆。他的房子装饰着图案各异的纺织品，墙壁是黄色的，还置办了弗农·潘顿（Vernon Panton）和埃托雷·索特萨斯（Ettore Sottsass）设计的家居饰品，组合在一起非常和谐。这种色调搭配源于约翰·布思对童年的怀念，也受到了意大利后现代主义的影响。他说道：

> 　　房子是租来的，所以可发挥的空间不大，但我的房东却不怎么在意，反而喜欢我做的一些改动……我一直以来都很喜欢各种各样的颜色，在我的脑海里，颜色是童年记忆的一部分，我还记得我喜欢的那些衣服标识和图案的色彩。我有一个双胞胎兄弟，所以，我们有些衣服是共用的，黄色和绿色的衣服都不少。

　　尼日利亚裔英国设计师尹卡·伊洛里（Yinka Ilori）经常大胆地使用亮色，在自己的作品和住宅中，他经常借亮色回忆过往时光：

> 　　小时候，我看见父母身穿色彩艳丽的服装去教堂或者参加婚礼和庆典，所以，使用亮色时让我回忆起过去的欢乐时光。颜色也是我身份的延伸，因为尼日利亚人钟爱色彩，我想在我的作品中将这点传扬出来。

　　喜欢原色的人通常都爱笑爱闹，这其实和他们童年时期的颜色喜好有关联。小孩子自幼喜欢亮色，因为他们的眼睛尚在发育中，更容易捕捉到亮色。然而，一切都瞬息万变。这些年来，看着我女儿因迪戈对颜色的品位不断变化的过程特别有意思。6 岁时，她对黑色表现出了兴趣，或许还有靛蓝色 [1]，毕竟这是她自己的名字。事实上，我们一

---

[1] Indigo 作人名时音译为因迪戈，指代颜色时，意思是靛蓝色。——译者注

生中对颜色的偏好都在不断变化。我爸爸闲暇时画了不少画，但他晚年所画的作品明显变得更明亮、更生动了。在《生物共好天性》（*Biophilia*）一书中，作者萨莉·库尔撒德（Sally Coulthard）解释道：

> 成年人往往特别喜欢波长短的颜色，比如蓝色、绿色，不太喜欢波长长的暖色，比如红色、橙色和黄色。等我们过了60岁，喜好就会回到孩童时期，开始喜欢明亮的原色，也许是因为晚年眼睛发生了生理上的变化，改变了我们对颜色的认识。

我们对某一种颜色的印象受到颜色的明度或浓度的影响。高饱和度、高色度的颜色令人亢奋，而暗淡的颜色更具镇静效果。有的颜色代表了大自然的景观，比如阴天里大海的绿色，褶皱岩石表面的灰色，沙滩安静的黄色。我们之所以喜欢这些颜色是因为人类具有亲生命性。无论你喜欢色轮上的哪种颜色，都还是使用比这些自然之色浅一些的颜色会比较好。

我们总觉得现代主义是一场单色运动，但是因为我们看黑白照片成为一种习惯了。只要看看勒·柯布西耶的马赛公寓的阳台内墙用色，你就知道现代主义的倡导者是如何使用颜色的了。柯布西耶认为，颜色是"一种与平面图和断面图一样强有力的手段"，他甚至开发了自己的建筑色彩设计工具，叫作"互动色彩指南"——63种颜色像键盘一样排列，搭配成令人意想不到的巧妙组合。墨西哥建筑师路易斯·巴拉干（Luis Barragán）使用钴蓝色、日照黄和火烈鸟粉的平面来增加视觉深度，加强光影对比，并因此而出了名。

我有一本邓肯·米勒（Duncan Miller）写的《现代家居的配色方案》（*More Colour Schemes for the Modern Home*）。这本书已经很老旧了，里面的色板是黏上去的而不是印刷的。书中讲到一个特色住宅，是瑟奇·切尔马耶夫设计的一套伦敦公寓，墙壁运用乳白色的中性色调，羊毛地毯是原色的，隔板是胡桃色的，为壁炉上的英国艺术家克里斯托弗·伍德（Christopher Wood）那幅色彩鲜艳的油画起到了衬托作用。就这间房子来说，这幅画让色彩集中爆发于一点，恰到好处。

有时候，一幅精挑细选的艺术作品可以作为整间屋子色彩设计的起点。我个人觉得，美术几乎是一切事物的视觉灵感。比如设计"现代住宅"的品牌形象时，我就从西班牙先锋雕塑家爱德华多·奇利达（Eduardo Chillida）的纸质拼贴画和美国极简主义雕塑家理查德·塞拉的画作中获得了灵感；而"伊尼戈"的品牌形象则是从英国现代画家保罗·纳什（Paul Nash）的风景画和英国画家乔治·斯塔布斯（George Stubbs）笔下健壮的马中取得灵感。

此外，我们还可以小面积地运用颜色，比如在橱柜内部涂上一种有反差感的颜色，这总是能给人一种放纵的快感。这样集中使用鲜艳的颜色也有个好处，就是如果哪天喜好变了，对这些颜色厌烦了，能直接二次装饰或者直接换新。不过，大面积地使用鲜艳的颜色，很难达到好看的效果。邓肯·米勒打趣地说道：

> 我听说有个人曾在战争期间负责一个军团的伙食，他做了顿饭，把每道菜都做得像水煮蛋一样，堪称"杰作"。其实，其中确实有一道菜是水煮蛋，另一道菜是把半个西红柿倒放在了土豆泥上，甜点是米饭上放了半个杏。每道菜味道都不同，但是大家可以想象，吃完这顿饭后人们感觉会有多腻。我们也会在颜色搭配上犯这种错误，这是因为我们不知道自己想要达到什么效果。

这让我想起自己20岁出头时，在阿尔伯特家里吃过的一顿"亨利·福特黑色晚餐"[1]，那晚客人们只能吃黑色的食物，这些食物一个比一个令人毛骨悚然，有俄罗斯黑面包、意大利墨鱼汁烩饭、黑丝绒纸杯蛋糕等。可惜的是，这些食物上没有任何点缀。但黑色其实有时也还不错，尤其是当你想让食品储藏室或洗手间看起来小一些时，用黑色最合适。

---

[1] 亨利·福特（Henry Ford）是福特汽车公司的创立者，对于福特T型汽车的评价，他说过一句名言："任何顾客都可以把车漆成任何他想要的颜色，只要它是黑色的就行。"——译者注

图案和纹理的学问

相信很多人都还记得童年家里的一些图案吧？对我来说，家的图案是餐桌上的格子油布，是镶嵌着精致装饰品的扶手椅沙发，是垂在地板上的雏菊窗帘。图案能使小房间看起来更大，能让枯燥的房间充满生机。图案还能产生令人难以置信的视错觉，就如英国画家布里奇特·赖利（Bridget Riley）的作品一样。比如，可以将方形的黑白地砖交错摆放看看效果，你会发现地砖的形状开始在我们的眼睛里变得扭曲。费伊在伦敦诺丁山做了一个室内设计项目，她将陶瓷地砖呈 V 字形排列，但在重点生活区域使用对比色，比如浴室盥洗台前、厨房岛台周围，并巧妙地将颜色重复排列。不管是谁，但凡到过凡尔赛宫的大理石庭院或印度乌代普尔城市宫殿，在金色镜子中欣赏过自己身影的人，都能感受到丰富的图案所带来的情感冲击力。英国现代家居和生活方式的奠基者特伦斯·康兰推崇以尊重历史为基础的当代生活方式，他认为任何称得上成功的室内设计的基础要素都是图案。他写道：

> 图案彰显了自染锦缎的朦胧感，或东方纺料的质感。不同的图案改变了我们对颜色和纹理的看法，为物品本身增添了律动感，让我们本能地联想到秩序与静止。一款构图精美的织物，既能为生活添加一些明亮的色彩，也能完美地调和形状坚硬和色彩单调所带来的缺憾。

康兰在伯克郡有一座乡间别墅，门厅里铺满了带图案的地砖，它们像是在热情地欢迎着来往的宾客；卧室里红白条纹的床罩，让用色精简的房间焕发生机；客厅里，壁炉旁一块褪色的东方地毯上放着一摞垫子，让人不禁想瘫倒在上面。如果生活中失去了纹理，那就违背了我们的自然本能。正如环境心理学家莉莉·伯恩海默所说：

> 环境若缺乏在神经方面的滋养信息，就会导致人出现人体病理学上的症状。比如环境的表面和空间设计如果暗淡无色、枯燥单调、过度简约，很容

易让人的眼睛患黄斑病，使大脑中风，出现皮质性色盲和视觉失认症等临床症状。

纺织品设计师埃莉诺·普里查德（Eleanor Pritchard）设计的毯子、靠垫和内饰织物，将早期的电视技术、无线电波和艺术装饰等 20 世纪的元素融入了几何图形和花纹布料中。她的所有作品先是成形于德特福德工作室里的那台纹钉纹板式多臂织机，然后运到西威尔士、兰开夏郡或苏格兰西海岸的工厂里进行批量生产。她说：

> 你可能会想，毯子和现代生活有什么关系呢？既然我们有了羽绒被，有了集中采暖，毯子还有什么用呢？实际上，无论是用毯子把自己裹起来，还是把毯子铺在床上，似乎都出于我们的天性，因为毯子蕴含养育和家庭的意味。对我来说，毯子是古老且永恒的，承载着许多文化和情感的象征意义。我最近得到了一条毛毯，是我家一位长辈 1842 年结婚时的嫁妆，上面有美丽的靛蓝色和白色双层织布图案。这条毯子虽然已有 178 岁高龄，但你丝毫不觉得它过时。

在设计自己的家时，普里查德会用纺织面料做点缀，比如在木桌子上放一张餐巾，或者在混凝土墙壁旁挂一张窗帘，她喜欢纺织面料与硬质材料这样搭配在一起的反差感。她不喜欢用任何带软席的椅子，而喜欢让椅子的结构裸露在外，这样就有了一种材料上的对比感。你也可以有样学样，比如在硬地板上铺一块简单的毯子。

比起在整间屋子里铺上地毯，弄得像伦敦北环线旁的总统套房一样，我更喜欢简单地在房间里铺一块地垫。剑麻、黄麻等天然材质的地毯如果摆放得松散些，与墙相隔大约 50 厘米，看起来会更加美观。

在我家客厅，我们将水芦苇编织的地毯铺在深色地板上，让这种纹理、质地和颜色与室外景观相呼应；主卧里我们铺了一张天然灯芯草制成的地垫，它能吸收浴缸里冒出来的水；楼梯上，我们则铺了一块长条地毯，它不仅能吸收沉重的脚步声，还能

装饰
Decoration

将两层楼从视觉上联系起来。

　　这样铺了地毯或地垫，并不妨碍你在上面再铺一层带图案的垫子。确实，许多人在纺织品上更倾向于极繁主义，他们会把纺织品层层叠放，就像面点师做的拿破仑蛋糕。英国室内设计师戴维·希克斯（David Hicks）开创了堆叠图案的设计方法，声称这样可以给房间带来"勇气和与众不同之处"。电商平台 Collagerie 的创立者、英国 VOGUE 杂志的前时尚总监露辛达·钱伯斯（Lucinda Chambers）也极其善于将 V 字图案、格纹和条纹巧妙结合。在她法国南部的度假屋里，不同座位上散落着一堆图案各异的垫子，五颜六色的草帽像装饰品一样挂在墙上。她告诉我，她使用纺织品是为了营造舒适感，并非为了强调品位。比如她总是在沙发上放个毯子，如果客人感觉冷，可以直接拿起来盖上。而墙上的帽子是她多年来和家人朋友聚会时收集来的，每次有客人到访时，他们就会从墙上选一顶帽子，然后拿下来一直戴着，直到离开。

　　露辛达运用纺织品的方式就像做拼贴画，能给我们带来很多灵感。比如用不同大小的地垫把床边多余的地方填满，或者在壁炉上放一面大小合适的"阿萨福旗"①。如果改用纺织品装饰墙面，可以放弃画作或照片，这样，效果会更奇妙，花的钱也少一些。我们家里就放着费伊设计的几条挂毯，是用羊毛和棉花通过数码印花工艺制作而成的，足足有 3 米宽。我很喜欢观察挂毯上错综复杂的抽象形状的图案，而且挂毯有轧光刺绣十字布上感受不到的纹理和温暖。阿尔伯特那里有美国艺术家爱丽丝·亚当斯（Alice Adams）的一些作品，这位艺术家学习了法国传统的奥布松挂毯工艺，并在纺织形式上有所颠覆，在作品表面增添了新的艺术表达形式和物品。

　　近年来，印花棉布迎来了某种程度上的复兴。前面提到的《家居世界》创始编辑米恩·霍格自称对印花棉布爱不释手：

　　　　印花棉布起源于 16 世纪的印度，时至今日，这种装饰材料上有规律的花

---

① 阿萨福旗（Asafo）为居住在非洲加纳首都阿克拉和塞康第 – 塔科拉迪之间的芳蒂人的军旗，象征着权力与荣耀。——译者注

卉式样仍然令我着迷，要是让我只选一种样式印在窗帘、罩子和垫子上，我还真不知道该怎么选。打开我公司里的抽屉或橱柜，你能看到堆得整整齐齐的各种印花布。有的只有一小段，有的足足有 25 米长，不管是一张完整的印花布还是一块碎布，它们在设计中蕴含的乐趣都是无穷无尽的。

玛蒂尔达·戈德（Matilda Goad）、弗洛拉·索姆斯（Flora Soames）和贝娅塔·休曼（Beata Heuman）等新一代设计师，都明白如何恰如其分地将印花棉布融入当代环境里。这些设计可能是带有漂亮花卉图案的一把软垫椅子、一套窗帘，或者只是一张垫子，不过，都能让人不禁联想到科尔法克斯和福勒公司那种朴实优雅的装饰风格。

我们无须使用明亮的色彩，也可以通过粗糙的质地和大量图案来增强布料的纹理感。柯尔斯滕·赫克特曼（Kirsten Hecktermann）曾运用植物染料在花园里亲手制作亚麻制品和天鹅绒。这些作品既精细又考究，连那些"久经沙场"的设计师都对它们赞不绝口。即使是简单的麻布墙纸，它的表面也会比传统的无光泽乳胶漆更具特色。在温切斯特的公寓里，我们用米色的艺术画布做了遮光帘，当阳光照进来时，画布上的纹理和织纹清晰可见，给人一种验光师用手电筒的强光照射到眼睛上的感觉。

装饰
Decoration

新极简主义

我的事业刚起步时,《家居世界》委托我为比利时海边小镇克诺克的一套公寓撰文,该公寓由极简主义建筑师约翰·波森设计。这套公寓的主人是一对和善的夫妻,他们让我住在了另一套面朝大海的公寓里,还安排了一辆阿斯顿·马丁跑车接我去他们家吃晚饭,饭桌上特意准备了一瓶巴罗洛葡萄酒——这等好事很少发生在一个初出茅庐的年轻记者身上。到这里的车程并不长,路上司机告诉我说当地人有一句老话:"每个比利时人出生时胃里都有块石头。"透过车窗审视着整座城市,我看见几乎每个房子上都有屋顶窗,底层都有壁柱,风格极其鲜明,像是在遵从着某种仪式。在这里,各式形态、各种风格的建筑,只有我们想不到的,没有他们建不成的。我渐渐明白了那句老话的意思:每个比利时人一生的终极梦想就是建造一座自己喜欢的房子。这还不算什么,当我抵达约翰·波森设计的公寓时,我才亲眼看到这座建筑的惊艳之处。留白式的室内装饰就像室外褪色的风景一样安静而美丽,设计师工艺精湛,对空间的衔接处理得熟练准确,让我大为震撼。墙壁涂的是经典的波森白,随着太阳从海平面落下,墙壁的颜色从灰色慢慢过渡到了黄色。

旅行作家布鲁斯·查特温(Bruce Chatwin)回忆他参观约翰·波森处女作时的场景,那是位于伦敦南肯辛顿区埃尔瓦斯顿广场的一套公寓:

> 我被带到了一套公寓里,维多利亚风格的露台华丽而略显破旧。之后,我们走进一间屋子,在我看来,房间的细节近乎完美……我绕墙走了一圈,观察物体的平面、阴影和比例,整个人激动不已。

约翰·波森的客户以及意大利建筑师克劳迪奥·西尔伟斯特林(Claudio Silvestrin)和西班牙建筑师阿尔伯托·坎波·巴埃萨(Alberto Campo Baeza)等极简主义建筑师,都说波森的这套公寓能让人把情感包袱扔在门外,是一个有着寂静美学的空间。但这种严谨的设计对各方面的要求很高,极难实现。房地产开发商们进行了各种尝试,都以失败告终，留下了大量劣质的仿制品。他们基本都是找一间有基础几何形状的房间，铺上复合地板，刷上白色乳胶漆就"大功告成"了，其实并没有领会其精髓，反倒像是建出一个专属的"疯人院"。

能否装修出极简风取决于材料的质量。你也得做好准备，极简主义的房子每隔一段时间就要进行维护。我参观过约翰·波森的其他作品，那些门像喝醉了一样在合页上摇晃，油漆上有很多手指印记，感觉就像来到了犯罪现场，想让人掸去表面的灰尘，马上开始取证。

有意思的是，现在极简主义的领军人物文森特·范·杜伊森（Vincent van Duysen）和阿克塞尔·费福尔特都是比利时人。他们的室内设计倾向于中性色调，能吸引人眼球的家具或艺术品虽然不多，但设计的纹理与光泽都颇具活力。我们在"材料"一章里探讨过，费福尔特深受日本侘寂朴素风格的影响，认为侘寂使房子有一种超越一切装修时尚的永恒价值：

> "侘寂"不是一种风格，不是一种时尚，也不是一种设计趋势……它很少使用艳丽的物品，也不会显财露富。"侘寂"的与众不同之处在于简素与朴直。"侘寂"使我们摆脱杂乱和干扰，帮助我们找寻内心的平和。因此，它是平和的、安静的、令人心安的，也是完全集中的。

当代极简主义强调在俭省地运用装饰品的同时，确保住宅的舒适与温暖。设计师罗斯·尤尼亚克（Rose Uniacke）的室内设计巧妙地融合了修道院的那种宁静和老旧便服的那种安心，他使用的是令人舒服的软体家具、柔和的颜色和天然材料。

建筑师杰米·福伯特住在一个维多利亚风格仓库的顶层公寓，那里的环境很安静，也很整洁，又不过分讲究，他说：

> 汉斯·范·德·兰（Hans van der Laan）是一位比利时修道士，曾修建过许多漂亮的房子。他在一篇很精彩的文章里面写道，建筑应像脚上的凉鞋，

坚硬到足以承受粗糙的地面，柔软到能够让脚觉得舒适。我觉得这句话总结了我对室内设计的看法。

简化室内设计需要技巧和准确的判断，很像煮鸡蛋，时间不够会让鸡蛋变成松软的一团，但时间过长又会把鸡蛋弄得像橡胶一样口感不好。我们需要学会当一名合格的"策展人"，选用合适的家具和物品，形式和材质要体现自己的个性。选得好，效果自会一目了然。英国收藏家吉姆·伊德曾是一名成功的策展人，茶壶院美术馆的成功很大一部分是因为他独具天赋，能将物品简化到最合适的程度。尽管他偏爱画作和鹅卵石，但他一直认为，空间才是所有室内设计中最重要的元素：

> 我们总抱怨房间太小，房间里东西太多，拥挤不堪，无从下脚，视线也不知该看向哪里。我们是空间动物，在空间中移动，都想要更大的空间，日常生活中最需要的也是空间……我们如此渴求的空间，其实在自己家里就能实现。但怎么做呢？清掉房间里的一切，回归墙壁光秃秃、屋内空无一物的状态，然后只把必需的东西整齐地放进去，别让房间看起来更小即可。

这种方法我建议所有人都试一试。房间空着的时候，总看着很小，但一旦把家具放进去，家具间的空间开始凸显，彰显出一种体量感。不过，如果你没把握好度，往里添置了太多东西，房间又会看着拥挤不堪。所以，秘诀就是，到了临界点的时候立马收手。

对于众多创意工作者和企业家来说，没有视觉干扰的空间能让忙碌的大脑更加专注。商业空间线上租赁平台现身此处（Appear Here）的首席执行官兼创始人罗斯·贝利（Ross Bailey）告诉我，他每年都带着他的管理团队去英格兰科茨沃尔德待上几天，让他们从日常的商业噪声中解脱出来放松一下，专注于更高层次的战略规划。他们选择住在建筑师理查德·方德（Richard Found）设计的极简主义住宅里，整个空间足有23米长，透过全高的落地窗可以眺望到山谷。罗斯·贝利说：

打造完美之家
A Modern Way to Live

住宅里几乎空无一物，只有混凝土、玻璃和白墙，还有一张漂亮的沙发。没有任何干扰，没有任何变化，没有任何乱七八糟的人和事，因此我们能专心思考。进门时的一刹那，我就想起了我们去年甚至是前年在这里谈话的情景。

装饰
Decoration

打造完美之家
A Modern Way to Live

装饰
Decoration

打造完美之家
A Modern Way to Live

新极繁主义

早期为《家居世界》撰稿时，我还参观过伦敦诺丁山一套特别的单间公寓。房主是石膏铸造大师彼得·霍恩（Peter Hone），他的性格爽朗而洒脱。当时，他穿着一双长筒橡胶雨靴，笑声朗朗地来给我开门。一进门，一股浓郁的奶酪和泡菜三明治的味道就让我大吃一惊。"我在做酸辣酱。"他说道，就像是在叙述一件稀松平常的事情。来到灯光昏暗的门厅，他养的杰克罗素梗就绕着我的脚腕表演了一段霹雳舞，然后我被领进了客厅，也是霍恩的卧室，那里简直就像迷你版的约翰·索恩爵士博物馆。墙上的每一寸空间都布满了建筑碎片，大理石半身像庄严地矗立在底座之上，古希腊和古罗马雕像被藏在了角落里。房间的一端放着一张四柱床和一个教皇宝座的复制品，另一端摆放着一张圆桌，桌上垂着一块白色和泡泡糖粉色相间的条纹桌布。生活中会遇到崇尚极简主义的人，自然也会遇到像彼得一样忠诚的极繁主义者。极繁主义者认为，只有当周围摆满身外之物时，才会感受到家的温暖。

阿尔伯特向来爱收集。我们 20 岁出头时，他带我去了他爸爸在英国莱姆里吉斯的车库，里面存放着后现代设计师埃托雷·索特萨斯设计的家具，其中，有摇摇欲坠的书架，还有沙发和台灯。家具腿上装饰着各种奇特的斑点、条纹和锯齿形线条，看起来就像是把波普艺术大师罗伊·利希滕斯坦（Roy Lichtenstein）关在了房间里，让他用一堆木头和一把喷枪自由创作出来的一样。

埃托雷·索特萨斯和孟菲斯设计集团设计的产品会让人产生各种共鸣，联想到东方装饰传统，甚至想到工艺美术和郊区流行乐。这些产品异想天开的形式和怪诞的图案达到一种荒谬的程度，反映了 20 世纪 80 年代早期消费文化的衰落。虽然它们不一定符合所有人的品味，但不可否认，它们散发出的活力能让房间不再死板严肃，因此，这些产品才能经久不衰。有时，我们也需要活跃一下房间的气氛。金融从业者拉斐尔·泽比布（Raphaël Zerbib）在伦敦斯托克纽因顿有一套风格严肃的公寓，里面的后现代家具为这套公寓增添了幽默感和动感。他说：

装饰
Decoration

我爱孟菲斯设计集团的风格，因为我觉得无论是从文化角度，还是从美学角度，他们的作品即使现在看来，仍没有过时。他们决定反其道而行之，与当时的建筑和设计潮流相向而行，为家具设计提供一种新视野，展现出一种新的生活方式。

　　建筑师特里·法雷尔爵士（Sir Terry Farrell）是后现代主义颇负盛名的倡导者之一。几年前，我们卖掉了他在伦敦的公寓，公寓位于一座艺术装饰风格的喷火战斗机工厂的顶层。楼梯上的金属底座上摆着盆栽植物，波纹钢屋顶上悬挂着飞机模型，目之所及处都能看到色彩、图案和材料涂层。在其《室内设计和后现代主义遗产》（*Interiors and the Legacy of Postmodernism*）一书中，法雷尔阐述了他的极繁主义思想：

　　机遇、时间和有序的混乱是家里必需的三种要素。建筑空间要有间断，也要体现出装饰和个人艺术表达的复杂性。在极简主义中，有序的混乱是一种贵族精英式的秩序，这种秩序将房子与外部现实生活中不可控的混乱隔绝开来。但时间会让你明白，总有一天，墙会被打破，秩序会消失，并且永不复现。

　　除此之外，英国建筑设计师约翰·福勒（John Fowler）将另一种"有序的混乱"运用到了英国的豪宅中，形成了"英国乡村别墅风"。我们现在认为的英国乡村别墅风实际上是20世纪中期的建筑风格。当时，福勒借鉴了乔治王时代住宅的优势，并结合其他国家的设计潮流，创造出了这种没那么死板的风格。他在与南希·兰卡斯特这位曾将装饰比作"拌沙拉"的美国潮流引领者合作后，这种风格走向了成熟。受到这两个人豁达风格的启发，新一代室内设计师正致力于从历史的各个时期中获取大量的"农产品"来翻拌属于自己的"沙拉"。不管是什么"沙拉"，只要别拌上我讨厌的卷心莴苣就行。

　　安娜贝尔（Annabel）是一个颇具传奇色彩的会员制私人俱乐部，俱乐部的墙上挂着手绘壁画，画中的火烈鸟在乡村花园中尽情飞舞，房顶上还有郁金香形状的穆拉诺玻璃吊灯。俱乐部创立者马丁·布鲁尼茨基（Martin Brudnizki）描述了自己如何从历史中汲取灵感，创造出人们意想不到的新颖作品：

> 从巴洛克风格到洛可可风格，你都需要略知一二，这样才能对艺术设计的整个发展历程做到心中有数，明白现代主义是怎么来的。装修的关键是永远不要效仿历史，从历史中获取灵感没问题，但要在当代的语境中去重新诠释。我认为，我要做的就是回顾过去，这样才能展望未来，最终创造出人们如今真正喜欢的东西。

这些话听起来或许有些狂妄，但看看布鲁尼茨基在一个维多利亚风格的大厦里的小公寓，你就会发现，万物各有其位。每个房间都有特定的功能，墙上仔细排布的画作间隔很小，家具的大小与空间非常相衬。

出生于瑞典的设计师贝娅塔·休曼也有类似的观点。休曼的老师尼基·哈斯拉姆（Nicky Haslam）是一位著名的室内设计师，对高仿品情有独钟。小时候住在伊顿时，这位老师就已经开始用鸵鸟羽毛和人造草坪地毯装饰房间了。休曼会在设计中采用热情洋溢的色调和精致的古董，对材料的包容性也比较强，这才融合成兼收并蓄的装饰风格。她解释道：

> 我认为，把不同时代中世界各地的东西混在一起，会更有趣、更生动。人类本质上就是一个巨大的混合体。

我个人一直喜欢新旧结合的风格。对一些人来说，这可能意味着把汉斯·瓦格纳（Hans Wegner）设计的复古椅子与马蒂诺·甘珀（Martino Gamper）设计的现代椅子相结合。对于更具冒险精神的人来说，新旧结合的意义可能更广。比如英国著名室内设计师戴维·希克斯就会把路易十六风格的椅子摆放在一张透明桌子旁。在我家，乔治王时代风格的餐桌四周放了吉奥·庞蒂设计的超轻椅，还有一对高靠背温莎椅。而在另一个地方，一对摄政时期风格的图书馆椅旁边，我们放了一把马克斯·兰姆设计的聚苯乙烯长椅，营造了一种肆无忌惮的感觉。

装饰
Decoration

置身于有意义的物件

　　不管你是像密斯·凡·德·罗一样认为"少即是多"，还是像罗伯特·文丘里（Robert Venturi）和丹尼斯·斯科特·布朗（Denise Scott Brown）一样赞同"少即是乏味"，与你朝夕相处的东西对你都有着特殊的意义。室内装饰不应该盲目效仿他人，而要代表居住者的个性。如今，Instagram 动态和 Pinterest 分区上到处都是好房的美图，我们便不由自主地想照猫画虎，看见别人有什么了，就总想跟风去买。

　　和费伊结婚后不久，我就买了一把埃姆斯复古摇椅，它的设计者是查尔斯·埃姆斯和蕾·埃姆斯夫妇。那把椅子我们使用了一年左右，直到后来我们才发现，对于喜欢中世纪现代风的人，这种椅子几乎人手一把，于是，我们便把它送人了。如今，我们评价一件家具时，会使用"金拱门测试"（Golden Arches test）问问自己："将来的某一天，这件东西会不会出现在麦当劳里？"比如丹麦设计师阿恩·雅各布森（Arne Jacobsen）设计的"蛋椅"已经像麦当劳早餐的麦满分一样常见了。

　　以前我带别人去参观挂牌的房子时，买家只要看到一件熟悉的家具，就会激动不已："看！丹尼斯！他们的沙发和我们家的一样！"这场面我每次见了都很吃惊，但时间长了，我慢慢发现，人们如果在一间屋子里发现眼熟的物品，就会产生安全感，更有可能买下这所房子。我一直不太喜欢这种现象，可说来也巧，我参观的每一套住宅似乎都出现过这种情况，中世纪的丹麦餐具柜、阿切勒·卡斯蒂格利奥尼（Achille Castiglioni）设计的落地灯等，都让人感觉似曾相识。

　　这种一成不变的装饰方法不仅显得不真诚，还让人感觉只是为了吸引参观者，没有真正为居住者考虑。《建筑模式语言》一书中写道：

　　　　朝夕相处的物件应该对你意义非凡，它们能在自我成长的道路上或在人生的道路上助你一臂之力，这一点毋庸置疑。但在现代生活中，物件在这方面的功能已逐渐被侵蚀，因为人们开始看向外部，看向其他人，看向那些登门拜访的人。人们放弃使用天然的装饰品，反而一门心思想着用物件来取悦来访者，让他们为之眼前一亮……讽刺的是，来访者关心的是住在这里的人，不关心里面有什么东西。如果房间能生动地传达出一个人或是一群人的个性，那就更能吸引人了，如此，我们就可以通过墙壁、家具和架子来了解房主的生活、过去和偏好。

通过埃姆斯摇椅的例子，我们会发现时尚日新月异，我们的品位也是如此。今天我们头脑一热买下的东西，到明天可能就成了麻烦。正如阿兰·德波顿所说：

> 我们对美的认知总是在极端的风格间摇摆：在克制和奔放之间，在乡村和都市之间，在女性化和男性化之间。因此，每当审美观念发生变化，我们都要无情地把失宠的物品丢进旧货商店里。

留下具有永恒性的、情感联结深的物件，这是最佳选择。我父亲过世后，我哥哥和我选择继承那些留给我们记忆最多的东西：父亲的画作，一盒飞钓饵，爷爷用的 20 世纪 40 年代英国建筑联盟学院的烟盒等。我们做选择时，没考虑东西的大小、功能或金钱价值。我们把大部分较大的家具都当旧货卖了出去，或者送给了亲友。

正是因为看重这种情感联结，费伊的许多作品才被我们留在了家里，比如家具雏形、雕塑、挂毯、墙纸和门用五金。不是所有艺术家和创作者都喜欢与自己的作品生活在同一屋檐下，但我们完全不介意。我们墙上全是艺术品，有传家宝，有照片，有朋友画的抽象画，还有在圣诞节、纪念日、生日时我们互赠的礼物。每件东西都代表着特别的记忆或时刻，都有理由在墙上占据一席之地。

美国策展人格伦·亚当森建议，家里的物件不应只是摆在壁炉上毫无意义的道具，而应成为人与人之间的联结点。他写道：

> 如果能更好地理解我们生活中有形的事物，我们自然就能更好地理解自己。在旁观者眼里，衡量物品的价值时，关注的不是它的效能、新颖性或是

装饰
Decoration
———

美感，这些方面在任何情况下都是主观的，而是要看这个物品是否蕴含人类的共性……正如技艺纯熟的制造者会预测用户的需求，真正细心的用户也可以想象出物品的制作方法，而架在这两者之间的桥梁就是这件实物。

正是因为存在这种社会联结，费伊才决定把她的铸铝铁锹椅送给她喜欢的艺术家、建筑师、摄影师和产品设计师们，还鼓励每位收到椅子的人捐献一件自己的作品，而这些捐献的物件都出现在了 2017 年伦敦设计节的一场叫作"贸易秀"的展览上。艺术家们通过互惠交换来相互支持，这种理念已经存在几个世纪了。不过，作品不用非要达到博物馆油画的艺术高度，其意义不在于此。好比孩子们送出自己亲手做的东西时，似乎天生就明白其中的情感意义。我有几抽屉攒了很多年的素描画、纸雪花、黏土动物，都是我女儿们兴冲冲地塞给我的。

美国诗人苏珊·斯图尔特（Susan Stewart）在其《憧憬》（*On Longing*）一书中分析了为什么我们会对生活中的某些物件产生兴趣。她说，这有时和物件的尺度有关。比如玩具之家里的玩具与现实世界根本不是一个体量，所以，要想进入玩具之家，我们只有发挥想象。还有些时候，我们就是单纯执着于收藏，好比妈妈和她的吐司架，或者阿尔伯特和他的孟菲斯牌家具。这样的收藏永远看不到尽头，越收藏，越疯魔。像假期旅游买回来的部落鼻笛这种纪念品也可以拿来收藏，用来帮助我们重温美好的回忆。

把藏书展示出来也是一个办法，不仅能让自己沉浸于往事，还能在房子里注入自己的个人特质。无论是摆放在迪特·拉姆斯设计的搁架系统上，还是在红木西洋梳妆柜上，一排常翻阅的书卷都能传递出温暖，代表着永恒，还有助于房间隔音。如果厨房的架子上摆有各式各样的烹饪书，这种环境就会让人有种莫名的舒适感。

不过，要是想在咖啡桌上摆一排精装书，又不显得装腔作势，就非常具有挑战性了。我不在乎书籍展现的严谨的治学态度，而更关心书籍本身的装饰效果。我家客厅书堆的最上面，常放着一本关于飞机的晦涩难懂的书，之所以放着是因为它的精装封面非常精美。这本书封面上的蓝色有些褪色，绘有各类图表，与周围环境搭配得很协调。我还记得，我家有一本讲芬兰建筑师阿尔瓦·阿尔托的书，它已经很旧了，我父母就以此书为基础制订了一个室内设计方案。

当今世界的流动性日益增强，许多人在一生中会流转于很多不同的国家，而私人物品会给人一种安全感，让我们回忆起走过的旅程。在奥斯卡·皮科洛这位有着悦耳名字的设计师家里，汇聚了各种宝物，每件物品都讲述着他的人生故事：

> 我在果盘里放了木质水果，所有朋友都因此嘲笑我，完全不理解我为什么要这么做。这些漂亮的木质水果是我逛慈善商店时偶遇的，它们让我想起我长大的地方。我出生于意大利西西里岛，但童年时期在加纳、土耳其、埃及和利比亚都生活过。木制水果最能让我回想起加纳，因为那里的一切都是木头做的，就像木头版的《摩登原始人》（The Flintstones）。刚到加纳时，我们搬进了一个漂亮的大房子里，里面除了床垫空无一物。我妈妈是个颇具创意的人，她开始自己动手设计和绘制家具样图，自己制作家具。从小我就觉得，东西不一定要花钱买，我们也可以自己动手从零做起。之后，我们搬去伊斯坦布尔和埃及时，所有的物件都一起搬了过去。所以，家不仅仅是一个简单的物理地点，还承载了许多意义深厚的物品。

不可否认，自己亲手建造的东西会更有意义。西伦敦有一个锡之屋（Tin House），其建筑师亨宁·施图梅尔自己动手制作了一张胡桃木餐桌，桌面上有一条不锈钢带穿过。他还用度假带回来的一块化石板做了张咖啡桌，用一块胶合板制作了一个精巧的组合沙发。此后，这款沙发也投入了批量生产。艺术家马乌戈热塔·巴尼（Malgorzata Bany）和她的伴侣泰简·克努特（Tycjan Knut）的公寓里几乎所有东西都是亲手做的，包括厨房用具。朋友送了他们一张宜家沙发，他们受美国艺术家唐纳德·贾德（Donald Judd）的启发，把沙发拆了，改造成了长椅的底座。

自制的不一定非得是家具，还可以是一个歪歪扭扭的手捏陶壶，或自己削出来的一把勺子，无论成品有多难看，都会一直带着你双手的印记。设计师唐娜·威尔逊就在

装饰
Decoration

架子上和橱柜里设置了一个创作区，用来存放她和孩子们共同制作的东西。

　　还有，不要因为有了孩子，就认为不能在家存放珍贵的物品。我家孩子小时候，陶艺家保罗·菲尔浦（Paul Philp）和平井明子那些形式朴素、纹理讲究的作品全放在了孩子们触手可及的地方。埃塔或雷恩在叛逆期时，会拿记号笔走向沙发使坏，但总的来说，她们知道哪些东西可以假装砸一下，哪些东西需要绕着走。我的艺术家朋友萨拉·凯·罗登讲述了一段类似的经历：

　　　　因为我一直喜欢收集东西用来作画，所以，房子里放满了易碎品，有铜杆、炮弹、鲨鱼牙齿、流星碎片、恐龙蛋壳碎片等。但孩子们从来没有打破或触碰过这些东西，甚至从未靠近过。

　　画廊老板纳萨莉·阿西（Nathalie Assi）对此颇有心得，她把位于伦敦肯辛顿的住宅改造成了一个零售画廊，陶器紧挨着麦片袋子摆放，孩子们可以自由地在商品旁嬉戏。她说：

　　　　孩子们都明白身边的东西不能弄坏，应该多加爱护。我们会向孩子们介绍这些作品的设计师，他们也见过其中一些人，所以不会故意碰倒或破坏作品。如果你自己对待东西的态度表现得很自然，别那么小心翼翼，孩子们会更放松，不会故意想着捣乱。对他们来说，触摸和使用那些物品也会变得很自然，不至于因紧张而出错，更不至于因太放松而肆意妄为。

装饰
Decoration

用得"好"最重要

E-1027别墅位于法国蓝色海岸，是一座现代主义住宅，出自爱尔兰家具设计师艾琳·格雷（Eileen Gray）之手。有一张有意思的照片拍摄于1939年，照片上，建筑大师勒·柯布西耶就站在这栋别墅外。相机捕捉到他戴着标志性的眼镜，全身赤裸，像一个顽皮的涂鸦艺术家在墙壁上作画，把墙壁涂得五颜六色的。他右腿上一条巨大的伤疤清晰可见，有点儿像被鲨鱼咬伤的，但实际上这是因为他与一辆机动游艇迎面撞上，他被吸到了游艇的龙骨之下，然后他的右腿被螺旋桨叶片绞伤了。

艾琳·格雷觉得勒·柯布西耶在墙壁作画是在肆意破坏。不知道是不是因为他对这栋别墅心生嫉妒，他可能会想，一位女性是如何创造出如此宏伟的现代主义建筑的？尤其是在法国蓝色海岸这样一个超凡脱俗的地方。更匪夷所思的是，她甚至都没受过建筑方面的专业训练。E-1027具有柯布西耶提出的新建筑的五个特点：平屋顶、构造柱、落地窗、开放式平面、数英亩的墙面刷漆。然而，E-1027所代表的远不止这些，因为在它直线型外壳的内部，拥有有史以来考量最周到、感官体验最好的室内设计，里面放置的家具也是格雷一手包办的，为建筑增添了不少活力。

比如，她独具创意的卫星镜子有一个可调节的镜臂，镜臂上有一个小的放大镜，人们使用时可以对着小镜子刮掉脖子后的毛，也能看着镜子里光秃秃的头皮开始哀叹；饭厅最里面有一个折叠桌，打开后，走廊就变成了一个吧台；室内还有优雅的甲板躺椅，其弧度的灵感源于一次跨大西洋的游轮旅行；她的米其林椅有层层褶皱，设计灵感源于米其林轮胎先生丰满的躯干。传记作家彼得·亚当（Peter Adam）对艾琳·格雷的生活和工作进行了详细描述：

> 她设计的每一处细节都考虑到了使用者，所以，产品可旋转、可弯曲、可倾斜、可打开。只需简单的一个动作，就能转动饼碟。轻轻一动，写字台摇身一变成了矮咖啡桌。各个元素都在移动，上演了一段机械芭蕾舞，这也成为格雷设计的一大标志。

装饰
Decoration

287

几年前，我们现代住宅团队去参观了 E–1027 别墅。从那儿离开后，我就特别想去了解一下艾琳·格雷，了解她的感性和她无与伦比的智慧。确实，最有意思的室内设计都能清清楚楚地体现出创作者的个性。家应该是兼收并蓄的、独一无二的，甚至是有一点儿古怪的。我的建议是，不要遵循某些已有的愿景。现代装饰最大的祸因就是无处不在的"酒店风"，用带有镜像底座的台灯和假装来自法国旧货市场的钟表装模作样，试图无言地展现房子的魅力。有时，我幻想着，把世界上所有英国国旗图案的垫子都收集到一起，趁人不注意时，把它们扔到篝火上全部销毁。

　　室内装潢设计成功与否，并不取决于在上面花了多少钱，我们在现代住宅网站上登出的最有纪念意义的住宅，其实很多都预算有限。比如音乐家兼造型师温妮·威廉斯（Whinnie Williams）在英格兰马盖特的奇特住宅就彰显了她个人的品味、动手能力和对廉价而优质的物品的喜爱。在她的家里，复古家具、图案壁纸和红白漆的地板混搭在了一起，每个房间都装有金色天鹅水龙头和贝壳装饰的壁炉，主题各异。房子里的物件要不就是自制的，比如客厅里用旧拖把画成的黑白图案艺术品，要不就是从拍卖行和易趣上淘来的。温妮淘来的最喜欢的东西是一把旧椅子。就连服务于上流社会的室内装潢设计师戴维·希克斯都在设计中注重节俭。他喜欢用光泽涂料或色彩明亮的家具、饰品来营造冲击感。他说：

　　　　好的设计并不依赖于金钱。我喜欢花最少的钱，收获最好的效果。风格
　　与你做什么无关，而在于你怎么做。

　　花钱买好看的东西并没有错，买得起当然可以买，但关键要用得好。英国摄影师塞西尔·比顿（Cecil Beaton）说南希·兰卡斯特有种天赋——让一个富丽堂皇的房子不那么富丽堂皇，只有最优秀的美学家才能做到这一点。而简·温纳（Jane Wenner）就毫不费力地做到了这一点，实属不易。简·温纳是《滚石》杂志创始人詹恩·温纳（Jann Wenner）的前妻，也曾是美国摄影师安妮·莱博维茨（Annie Leibovitz）的灵感缪斯。她的家由沃德·贝内特（Ward Bennett）设计，建于 20 世纪 60 年代，位于纽约阿默甘

西特的沙丘里。在她的家里，摇滚乐的活力浸润到每一个褪色的角落，给这个家带来了别样的特色。19世纪的英国家具融入了现代主义的经典元素，还有带沙发套的意大利沙发以及瑞克·欧文斯牌（Rick Owens）的现代家具。

这种以舒适享乐为主的波希米亚风格，也可以运用到我们自己的家中。比如摆一张慵懒风沙发，在结实的扶手椅上面放一块毛毯等，现代家具无须华而不实。我最喜爱的扶手椅出自马塞尔·布劳耶之手，不仅色彩暗淡，还有磨损，其中一个扶手已经松了，但客人们还是喜欢往这张椅子上躺一躺，因为这样非常舒服。

用处最大的一种家具应该是多功能小桌，它能营造一种轻松的氛围，还能供客人们放手中的饮料。房间里坐满人时，还可以用它当临时板凳，移动起来毫不费事。在我看来，阿尔瓦·阿尔托设计的圆凳60（stool 60）是有史以来最伟大的产品。这种凳子重量轻、可堆叠、外观美，可以用作床头桌，或者开会时使用，还适合任何风格的室内设计。因此，我们给团队的每个成员都送了一张圆凳60，以感谢他们在新冠肺炎疫情期间的辛勤工作。

不知从何时开始，壁挂式电视开始成为我家客厅的焦点，但我们需要回归到更本质的东西中去。尽管大家不再像以前一样用餐之后退席到休息室，但我们仍需将这片区域利用好，在室内设计时，将客厅当作房子的中心地带。据英国设计师特伦斯·康兰估算，在20世纪30年代中期，美国人每周花在生火上的时间约为10小时。如今，我们虽然有了集中采暖，但壁炉仍有经久不衰的魅力。冬天散步归来，当我们看到摇曳的炉火旁摆放着一对高背翼椅时，心里总是暖洋洋的，再配上一只湿漉漉的猎犬和一袋炸猪皮，简直就像拥有了自己的旅者客栈一样。

装饰
Decoration

打造完美之家
A Modern Way to Live

装饰
Decoration

如何摆设

我在《家居世界》担任助理编辑时，阿利斯泰尔·麦卡尔平（Alistair McAlpine）在为这本杂志撰写专栏，我每月最重要的任务就是处理他传真过来的最新文章。编辑他写的文章就像是在破解恩尼格玛密码①，因为他爱连续使用长句，爱用黑色毡尖笔潦草地记录自己的想法，还不使用逗号和句号，完全不给人喘息的机会。在破译他的笔迹和思维方面，我逐渐熟练起来，在这个过程中也学到了很多关于艺术品收藏的知识。麦卡尔平还是画家马克·罗斯科（Mark Rothko）的伯乐之一，他晚年愈发着迷于土著艺术所展现出的纯真。他投资过的艺术品众多，从警棍到恐龙的生殖器都有涉猎。

晚年的麦卡尔平改造了位于南意大利普利亚区的一个旧修道院，然后和他妻子雅典娜一起在那里经营一家高端民宿。参观他家之后，我意识到，这个资深收藏爱好者在摆放东西方面造诣深厚，不亚于他的收藏技能。在这家民宿里，部落面具像战斗机编队一样挂在墙上；从花园里摘的温柏成了餐桌的中心装饰品，寓意着丰收，也表现出与土壤的紧密联系；屋顶露台上有数百盆仙人掌和多肉植物，像带刺的士兵一样傲然站立。我记得他告诉过我，这些东西缺一不可，都有各自独特的意义。

这种对富足的喜爱和毫无修饰的杂乱是两回事，不应混为一谈。把同一类的东西归整到一起，会比单独放置美观得多，也能让心情愉悦。戴维·希克斯也是这方面的专家。他说：

> 我对摆放物品拥有的热情源于我看待和使用物品的方式。要把一瓶杜松子酒、一瓶威士忌、几瓶奎宁水和一个苏打枪全放在客厅桌子上，不仅看着脏乱，而且毫无意义……如果你想专门用一张桌子摆放照片，那照片必须够多，照片越多，最后呈现的效果就会越好。

---

① 恩尼格玛密码（Enigma Code）是德国在第二次世界大战中使用的一种军事和外交密码。——译者注

装饰
Decoration

美国艺术家伦纳德·科伦（Leonard Koren）在《摆放的方式》（*Arranging Things*）一书中谈到用"修辞"的方式来摆放物件，就像是利用"修辞"在沟通中说服对方一样。科伦在阐明他的观点时，以他在商店橱窗和别人家里看到的静物为例，从各种角度仔细分析了每组物品摆放的成功之处，比如距离、层次和感官吸引力等。不过，一种组合能否成功最终还是要看感觉，感觉对了，自然就成功了。正如科伦所说：

> 大多数专业人士摆放物品时，都靠直觉。每件东西该放哪儿，该和什么放一起，他们都跟着"感觉"走。他们能"感觉"出哪种摆放可行，哪种不可行，无须在脑中进行分析。

我妈妈是一位成功的艺术家，小时候她教我画画时总是告诉我，两条线若即若离地放在一起时会产生神奇的效果。她常说："留白的那一点是最重要的。"物品之间的间隔能创造出一种动态的张力，让我们更加关注整体构图。艺术家卢西奥·丰塔纳（Lucio Fontana）为人熟知的作品是一系列"割破的"画布。第一次用美工刀割开画布时，他就利用了这种观念。一刀下去，传统画作便从二维变成了三维，留下的豁口给作品增添了刺激的神秘感。在家里，当我们在桌子上摆放小物件，或者在房间里摆放大体积的家具时，也应该仔细考虑怎样合理利用空间，怎样留白。买手店主理人亚历克斯·伊格尔（Alex Eagle）住在伦敦苏豪区一套光线充足的复式公寓里，她描述了艺术家唐纳德·贾德在这方面对自己的影响：

> 他非常会利用空间，在这方面，我一直在寻找一种平衡，试着不要把空间填得太满。还要记住，空间无论是空荡荡的还是满当当的都一样美丽，少往里面填东西对空间本身来说也是一种难得的享受。

摆放家具时，我们有必要先考虑一下房间的轮廓。把床放在那个现成的空隙里怎么样？这块地方是放张沙发好，还是放一对椅子好呢？根据建筑的大小，找到比例合适的家具才是正确的方法。许多人的房间里都潜伏着一个笨拙的大块头躺椅，像一头迷路的大象，成为许多室内设计的败笔。我们当初买下伊斯灵顿那套 19 世纪的小房子时，不得不缩减家里座位的数量，只留下比较省地方的椅子，要不房子就装不下了。

我最喜欢的一幅画是亨利·摩尔的石版画《三个斜倚的人像》（*Three Reclining Figures*），是费伊送给我的圣诞礼物。不知何故，这三个人像在纸上看着如此协调。从视觉角度来看，东西的数量奇数比偶数好。下次去你最喜欢的餐厅时，看一看餐盘的摆设，很有可能会有三种主要元素和谐地摆放在一起。如果物件的摆放不对称，眼睛就会不由自主地打量这件东西，准备一探究竟。这个规律适用于家里的所有场景，所以，你可以用两把椅子配一张沙发，用三盏吊灯配一张餐桌，或者用三个陶器配一张桌面。

就算是最普通的家居用品，如果摆放得当，效果也会大不相同。如果你有一把老旧的日式厨刀，就把它挂到墙上，便于欣赏手工锻造的刀刃的斑驳之美；你的施釉陶器可以摆放在开放式橱柜里；香料可以放进小罐子里，烟熏辣椒粉的深红色和姜黄粉的焦橙色会贡献一出视觉盛宴。我家墙上挂着各种各样的剃须镜，是我们从印度带回来的，虽然它照不见人脸，但发褐发旧的玻璃散发出一种绘画之美。空间设计师卡洛·维肖内用从商店里淘到的古董展示柜为自己打造了一个珍品柜，里面存放着的都是他的旅行回忆，包括从古巴、越南和中国收集来的贝壳。

悬挂画作时，要考虑到空间布局以及画作与地板、天花板之间的距离。人们最常犯的错误就是把画挂得太高。我们家的画挂得都比较低，在我十几岁时，一个朋友来我家做客，看着我家画的位置问道："你父母很矮吗？"如果你正手握锤子和挂画钩，站在墙前思索着应该把画钉在墙上的哪个位置，答案就是：用眼睛凭感觉找到一个正确的地方，然后往下移 15 厘米左右。挂得太高会感觉不接地气，好像与房间里的其他物件毫无关系一样。

谈到悬挂画作，茶壶院美术馆称得上是典范。这里的作品在一些地方被挂得很低，甚至要挨到地面了，但每个地方的作品都会被分散着悬挂，如此，作品本身和周围的空间之间产生一种令人愉悦的张力。阿尔弗雷德·沃利斯的渔船画作悬挂得和画

中歪歪斜斜的船只一样，作品的木制画框也略倾斜，没有严格对齐。在一面墙上，伊塔洛·瓦伦蒂（Italo Valenti）的三幅单色拼接画紧挨在一起摆放，下面还有一张圣餐台式的桌子。这种摆放方式一般表明这三幅画是三联画，但事实上，这三幅画还有很多同系列的其他作品，只是从来没有一起展出过而已。茶壶院的策展人吉姆·伊德将这三幅画作为一整件作品展出，因此，提高了每幅画的地位，给予了它们更深远的意义。瓦伦蒂特别喜欢这个想法，在他此后的专著中，这三幅画都是以三联画的形式同时出现的。

白立方现代艺术画廊的高级总监马蒂厄·帕里斯（Mathieu Paris）从茶壶院美术馆中汲取灵感，装修了他位于英国皮姆利科的公寓，他说：

> 对我来说，挂画已经有了肌肉记忆，是我每天的必做事项——不是在画廊里，就是在收藏家们的家里。展示艺术品没有固定的方法，但如何在自己家摆放艺术品，很大程度上能反映一个人的个性。我在摆放时会根据空间构造匹配相应的艺术品。茶壶院让我学会了如何在生活中与艺术、设计共处。四年前，我第一次去茶壶院美术馆，那是我在英国度过的最美妙的一段时光。如今，我们与茶壶院美术馆合作过数次了。与茶壶院的观念一样，我合作过的许多艺术家都觉得展品没有层次高低，每件展品都有自己独特的美。

至于具体操作，我们可以在墙上挂一块大画布，或者让一系列不搭调的画作散落在各处，还可以把画作挂在灯的开关之上，挂在拐角处，挂在马桶旁，挂在任何出其不意的地方。不过，画作也不一定总得挂着，你也可以搭一个架子，沿着架子摆上一排，或者让它们倚靠在陈列柜里。画作的尺寸和类型可以多样一些，把它们用各式画框裱上，然后在画框和画作中间放一张明信片。艾伦·贝内特在《家居世界》里回忆了自己早年巧妙摆放画作的经历：

> 我不认为画作是一件艺术品，它更像是一件摆放在布景里的物品。像大

装饰
Decoration

打造完美之家
A Modern Way to Live

298

多数英国人一样，我觉得画作是家具。比如我更喜欢把它们挂在桌子之上、花朵之后、昏暗灯光之下，甚至是半掩在书后。我不想让画作成为房间里的主角，这会导致房间看起来像是博物馆或美术馆。

如何收集

往家里添置东西时，试着跟着自己的感觉走，别被某些先入为主的观念带偏了，盲目追求所谓的好品味。要像喜鹊一样，东找找，西看看，收集不同大小、不同时代的东西，找到能反映自己世界观的物件。用你的眼睛，仔细观察物件的形状和制作方式，比如观察壶柄的曲线，或是体验一套餐具放在手掌上的感觉。只有先把自己从流行审美趋势中解放出来，我们才能真正看清物品的本质。

我们买到的许多好东西都不是出自知名设计师之手的，也并非出自教科书，更不用花费重金。它们往往因满足了我们的实用性需求，而具有一种偶然之美。20 世纪 20 年代晚期日本出现了民艺运动，柳宗悦正是民艺的倡导人。他在《茶与美》（*The Beauty of Everyday Things*）一书中鼓励我们秉持一种更加开放包容的态度。他写道：

> 绝顶聪明的人并不一定具有审美眼光，只是知识渊博的人，也并不能被
> 称为艺术爱好者……直觉感知比智力更重要，更接近美的本质。

最令我难忘的一场展览是 2009 年的万物博物馆大展，这场展览在伦敦普里姆罗斯山的一个杂乱的废弃录音室里举办，展出的都是非专业、不出名、非主流艺术家的作品。来自美国内布拉斯加州毛发浓密的艺术家埃默里·布拉格登（Emery Blagdon）用打包钢丝和铝箔纸做了一个极其精美的风铃，将其挂在了一个橱柜里。布拉格登是在双亲去世后开始这一创作的，他想把这些风铃当作"治愈装置"，集天地之精华，来减轻人们的疼痛，缓解人类的疾病。展览上还有奥地利瓷画家约瑟夫·卡尔·拉德勒尔（Josef Karl Rädler）在精神病院时创作的画作，以及身患唐氏综合征的美国艺术家朱迪思·斯科特（Judith Scott）设计的纺织作品。这次展览让我既兴奋，又不安。兴奋是因为有机会看到原本看不到的作品，不安是因为它揭示了当代艺术界的专横。

阿尔弗雷德·沃利斯是英国最负盛名的画家之一，但他如果看到自己在康沃尔海岸创作的那些画作得到了如此赞誉，还被高价拍出，可能也会困惑不已。他没有接受过

艺术培训，也不懂透视画法，从广告卡到桂格燕麦包装，他只是把船舶漆涂在了所有能涂画的东西上。沃利斯住在康沃尔郡圣艾夫斯的一间村舍里。1928 年，天赋惊人的年轻艺术家本·尼科尔森和克里斯托弗·伍德二人路过他的村舍时，透过敞开的门往里瞟了一眼他的画作，就被他作品中的纯粹所打动。沃利斯那时恰巧从门前走过，他们便买下了他的一些画作，这些画作后来引起了伦敦先锋派的注意。沃利斯由此被"发掘"，走进了大众视野。

至于什么是美，我希望你自己来判断。有一天，费伊从肉铺里救回家一只玻璃纤维雕塑羊，羊的头很小，和它圆滚滚的身体显得很不协调。雷恩和埃塔疑惑地看着这只羊，满脸不解。费伊解释道："它让我想起 19 世纪那些幼稚的奖杯画。"古董商罗伯特·扬（Robert Young）对原始艺术有着敏锐的眼光，专门收藏一些不知名艺术家画的比例奇怪的马和家畜。建筑抢救公司 Retrouvius 的创始人玛丽亚·斯皮克（Maria Speake）和亚当·希尔斯（Adam Hills）也是专业编辑，他们的资源很广，从老旧变色的镜子到二手艺术家的调色板都能被他们找到。

贝姬·诺兰和巴尼·里德运营着一家名叫花生小贩（Peanut Vendor）的古董家具店网站。浏览一下这个网站，你可能会看到奥利维尔·穆尔格（Olivier Mourgue）设计的原版椅子，或者马里奥·贝利尼（Mario Bellini）设计的原版沙发。但真正吸引人们眼球的通常是无名艺术家设计的抽象小雕塑或者是简简单单的木柜子。我当初为办公室寻找装饰品时，就在这个网站上一站式购物，买了些精美的陈年大理石盘子、陶瓷花瓶和木碗。与有价值的物件共处一室，不图其稀有，只图其实用，这种体验乐趣无穷。诺兰描述道：

> 对我们来说，东西有没有收藏价值并不重要。比如，我们餐厅的桌子就没有放在网站上卖，因为我们太喜欢它了，虽然也不知道它是由谁设计的。厨房里有张桌子，没什么特别之处，但很方便折叠，还被刷成了黑色，虽然不是原始状态了，但看着还是很好。每次使用的时候，都让我们莫名享受其中。

打造完美之家
A Modern Way to Live

物件越完整，就越有可能经受住岁月的洗礼、世世代代的相传。比如夏克式家具在设计时就考虑到了持久耐用性和实用性，就连图钉、铆钉等钉子都是纯手工制作的。褐色家具本来是一种贬称，指 17 世纪、18 世纪和 19 世纪的木制古董。褐色家具虽已过时多年，但如今又因其经久耐用的高质量，出现在千禧一代的室内装潢设计中。温莎椅有着绝妙的设计，无论是应用于现代室内设计里，还是在某个历史时期的装修风格里，都毫无违和感。如果椅子能承受数千次炉边夜聊带来的损伤，椅身留下的那些凹沟、划痕和曲线就更有感觉了。乔治王时代风格的家具尤其漂亮，比维多利亚风格的家具更精致、更优雅。另外，别太拿家具当宝贝了，我就喜欢扶手椅的衬垫都爆裂开来，露出那些性感的裂纹。

　　淘物可以从古董博览会、旧货店、当地拍卖会和市场开始。从一堆劣质小饰品中挖掘出珍宝，其乐无穷，毕竟物美价廉的东西人人都爱。有一次，我去大厨安娜·巴尼特（Anna Barnett）家做客，她给我看了她从五月公主（Princess May）汽车后备厢集市淘来的一堆宝贝，包括一盏葡萄牙的灯，这盏灯只要 20 欧元，但它的市价却接近 300 欧元。

　　发型师辛迪亚·哈维（Cyndia Harvey）在 11 岁时从牙买加移居到英国，一直辗转于青年旅社和各种临时住所，最后在伦敦布拉克利的一处马厩式洋房安顿下来。她在装修时一直跟着自己的直觉走，才实现了特别个性化的家装设计，她解释道：

　　　　我没有提前想好要怎样去装饰，就是去了市场，挑我喜欢的东西买，几乎所有东西都是我从肯普顿跳蚤市场买的。我也不急着一次把东西买全，当时比较随意，全程都是"哦，这个和那个很配""我喜欢那个，得买下来"的状态。到了最后我发现，不知怎的，它们搭在一起居然都挺配的。我只是通过观察来确定自己的审美偏好，如果一个物件很吸引我的视线，我就会买下来……房间里的每一件物品都让我心情愉悦，虽然听起来有点儿做作，但我真的与每件物品都有一种联结感，因为每件物品的背后都有故事。当你买下一个老物件时，你从买主那里买走的还有它背后的所有故事，即使有些故事离谱到让人难以置信！

装饰
Decoration

打造完美之家
A Modern Way to Live

装饰
Decoration

特里·法雷尔是一位饱含热情的建筑师，帮助重建了格林威治半岛、纽卡斯尔码头和伯明翰布林德利区等地。他公寓里层层摆放的东西，也大多是他几十年来从当地集市摊和古董店里淘来的。他相信，在当地买东西有利于让他和街区以及邻居之间产生情感联结。

确实，我们生活中的很多乐趣都来自人际互动和你所遇到的人。模特埃玛·尚塔洛普（Emma Champtaloup）的丈夫是萨姆·史密斯（Sam Smith）和解密兄弟（Disclosure）等歌手的音乐经理人，他们当初搬到北伦敦的家时，选择从头开始，除了衣服和一件挚爱的灯具，什么东西都没带。逛波多贝罗市集（Portobello Market）时，埃玛遇到了室内设计师霍利·鲍登，于是，向她讨教起了关于房子的装饰设计：

> 当时，怀孕的我坐在椅子上，感觉有些想吐。而霍莉在各个摊子间四处溜达，很引人注目，然后我们就聊了起来。我不是伦敦本地人，不知道该去哪里买些不拘一格的物件装点房子。所以，怎么找到与众不同的展览用的家具是最让我犯难的问题！就在这时，霍利忽然走进了我的生活，解决了我的难题！房子的装饰设计全程都是在她的帮助下完成的，我们现在也成了亲密的好友！装修房子时，我可以去逛各种市场、古董店，有机会见见不同的人，这一点我非常喜欢，就像寻宝一样。我还记得现在床前的那棵树是怎么来的。当时，我走进威斯敏斯特市皮姆利科区附近的一个古董店，看见了那棵树，觉得那就是我想要的，便从商家那里买了下来，如今它成了我的珍宝。在这些古董店里，你遇到的每个人都是这样热情洋溢，散发着光芒。

购买艺术品和家具，和买其他物件一样，都应跟着感觉走。市场变幻莫测，行情难料，与其计算"投资"后的金钱收益，不如考虑这些东西带给你的感受。别忘了，一幅画一旦上了墙，就会变得很显眼。所以，想想你期待房间的画是什么颜色、什么形式的。艺术品对房间的氛围有极大影响，这也许解释了为什么画家迈克尔·克雷格－马丁追求极简主义。无论是他位于巴比肯建筑群的家庭住宅，还是他位于威尼斯一个豪华宅邸主楼层的度假公寓，主要的装饰品都是他自己的画作，并且他把日常家居用品画得惟妙惟肖。我后来惊奇地发现，他虽然在工作中以运用强烈色彩而闻名，却选择过一种清心寡欲的生活。他家的墙壁都是中性色调，横梁能少用则少用，摆放的物件更是少之又少。

此外，购置藏品的时候可以设置一些标准，确保艺术藏品具有一致性。比如，选择侧重于自然景观或与某个特定的历史运动相关的艺术品。策展人奥斯卡·汉弗莱斯是研究艺术家肖恩·斯库利（Sean Scully）的专家，曾负责策划瑞士设计师皮埃尔·让纳雷（Pierre Jeanneret）和让·普鲁维在伦敦的第一场家具展。他鼓励朋友和客户养成自律的购物习惯：

> 我过去常常收集一堆不同的东西：一个罗马物件、一张部落面具、一个古埃及陶器、一个现代物品……我慢慢意识到，收集得有所侧重。所以，我现在都是有目的地去收集，要不然最后东西肯定堆积成山，家里就变成了大型购物现场。我之前收集来的那些没用的东西，现在连看都不想看一眼了。围绕着一个主题去收集物品，会有更统一的艺术风格，让它们显得更好看。而且，这样更能激发你的求知欲，因为你可以对某个主题进行深入了解。要是哪天你想要把这些东西卖掉也会比较容易，因为你可以说我有关于某主题的一系列东西，而不是说我有一个这个，还有一个那个。

我的胡子爷爷也热爱收藏，他自己有三条准则：画作必须是水彩画、素描或者版画；艺术家必须是英国人；艺术家必须在世。最后一条非常重要，因为他能借此展现对年轻新生艺术人才的支持。他的一大部分收藏现在都存放在英格兰哈洛镇的吉伯德画廊，包括约翰·纳什、伊丽莎白·布拉凯德（Elizabeth Blackadder）、约翰·派珀（John Piper）和爱德华·鲍登（Edward Bawden）的作品。这些艺术家里有许多是爷爷的好友，比如，雕塑家亨利·摩尔就总来家里吃午饭。我的姑姑苏菲回忆，有一次她来爷爷家拜访时，摩尔心不在焉地玩起了孩子的橡皮泥，捏出了农场动物的形状。房间里寂静一

片，所有人都看着桌子上的这些"雕塑"，心里估算着这些东西能值多少钱，可最后摩尔上来就是一掌，把橡皮泥"雕塑"给拍平了。

我爷爷在遗嘱里留给我一幅亨利·摩尔的画作，是一幅画有羊的石版画。那是我非常喜欢的物品之一，倒不是因为它价值有多高，而是因为它代表的情感意义。画作、物件、书籍和其他收藏品都能让我们想起自己与家庭成员、朋友之间的特殊经历。大约在20年前，我和费伊刚恋爱不久，第一次去游览了圣艾夫斯。在泰特美术馆里，帕特里克·赫伦和罗杰·希尔顿（Roger Hilton）画作的用色使我们惊喜不已。在芭芭拉·赫普沃斯的家兼工作室里，我们又沉浸于她的雕塑作品的形态。于是，我们走进一条铺满鹅卵石的后街小巷，在一家画廊里，用从《家居世界》挣来的工资买了两小幅海景画。因此，这些画作会永远散发着光芒，让我永远记住那个周末。每每欣赏它们时，那种阳光洒在脖子上的感觉，那些海鸥的叫声，还有年轻时谈恋爱的那种"小鹿乱撞"的感觉，都犹如昨日重现。

这些画作被精心地包裹在气泡膜里，装进卡车，跟着我们从一个家搬到了另一个家，最后安顿在新家的挂钩上。现在，它们就挂在我已故的父亲画的《康斯坦丁湾》（Constantine Bay）的旁边。康斯坦丁湾是我父亲最喜欢的沙滩，小时候，我们每年夏天都去那里堆建摇摇欲坠的沙堡，在岩石池中捕虾虎鱼。这幅画下，放着一张妈妈送给我的木制桌子，歪斜的抽屉里装满了褪色的家庭照片。总之，家居装饰是件因人而异的事，需要投入感情，而家居装饰的意义在于与最爱的人打造出一个回忆的载体。

结语　用心打造自己的家

写到这里，恰逢冬日里最晴朗的时候。透过书房的窗户，我看见一只雏鸡在花坛里踱步，边啄着喂鸟器上掉下来的种子，边抖着它那身土里土气的羽毛。雷恩和埃塔把她们最喜欢的娃娃装进婴儿车，推进了菜园里的儿童游乐木屋。

门"嘎吱"一声开了，因迪戈挥舞着她刚完成的两幅毡头画，急匆匆地走了进来。在第一幅画里，她在上面潦草地写着"我的梦中之家"，房子画得像我们的家和一座摩尔式宫殿的结合体，有维多利亚风格的窗户，有城垛和一个个金色的穹顶，以及一面绘有老虎脸的旗帜，阳光炙烤的墙面上还爬满了葡萄藤。她的第二幅画描绘了房子的内饰，三个楼梯蜿蜒地连通六层楼面，相当宏伟。一楼是一个有着红墙的餐厅，摆着一张八座餐桌和一盏用棕榈叶做的"吊灯"；相邻的浅蓝色客厅里有各种软装，多功能小桌上放着台灯，角落里摆着一盆长势旺盛的盆栽；再往里走，有一个干湿分离的黄色淋浴间，里面有个巨大的花洒；因迪戈自己的卧室则用粉色装饰。她告诉我，家里的其他人都睡在楼顶的穹顶里，似乎她已经对瞭望—庇护理论有了一定了解。

在我的印象里，因迪戈一直都会把她想象中的房子画出来，这些画一幅比一幅细致，融入了她对色彩、室内布局和建筑细节的最新思考。看着她最新设计的住宅是那样得舒适，我不禁想起了阿尔伯特以前对我说过的一些话。现代住宅公司创立初期，我们俩还在东奔西跑，拜访潜在客户。从那时起，他就开始在一本"自建梦想住宅"的小笔记本上做记录。每次看到什么吸引他的细节，他就会一一记下：大腿高度的靠窗座位、异常宽阔的门厅、藏在摇摇欲坠的角楼里的书房等。他的想法是，这些元素早晚有一天会铸成一座成功的"阿尔伯特之家"。

现在，回头看看这个笔记本，阿尔伯特承认要是照着这个笔记本建房子，建出来的房子肯定会像弗兰肯斯坦创造出的科学怪人一样吓人，还是把它留在纸上比较好。不过，重要的是我们对未来的住所敢于畅想，而能不能真正把它建造出来其实并不重要。哲学家加斯东·巴什拉写道：

比起过去的房子，未来的房子可能更坚固、更轻巧、更宽敞……等我们到了迟暮之年，还会带着不服输的勇气，继续念叨着要做未尽之事：建一座房子。对于我们来说，也许为未来的房子留点儿念想也是好事，想着先等等，再等等，等建好就能住进去了，可事实上，我们并没有时间去建。临终前住的房子与我们出生时住的房子正相反，它酝酿的是思想而非梦想，严肃且不幸。即使生活得飘忽不定也比就地等待终结要强。

我妈妈已经七十多岁了，她对德文郡海滨村庄房子的大翻修也即将完工。妈妈已为人妻近半个世纪，现在正在适应一个人的生活。她在建筑工地住了一年多，很担心完工之后，工人们会收拾工具一一离开，到时候就剩她自己整天在这里胡思乱想了。如今，她正准备开启新的生活，还想要一个新的住宅，能更好地满足她的需求，也能拉近她与家人之间的距离。

和阿尔伯特一样，我发现，参观了数百所非凡的私人住宅后，我既觉得深受鼓舞，又有了点儿危机感。我痴迷于设计和建筑，喜欢漂亮的事物，所以在路上看到好看的建筑，我总是移不开眼。我看到一座外观对称的乔治王时代风格的教区长住宅，就觉得它在朝着我眨眼睛；看到一间无人光顾的海边小屋，就觉得它像救助中心的小狗一样竖起了耳朵……自从和费伊在一起后，我们每三年左右就搬一次家，很大程度上是因为我的坚持。她总说自己像一只晃晃悠悠努力搭窝的母鸡，结果蛋还没下，窝先没了。

我们天生就喜欢不断追求新东西。神经系统科学家贾亚克·潘克塞普（Jaak Panksepp）发现大脑有七个情绪模块：愤怒、恐惧、悲痛、母性关怀、快乐、游戏与寻求。而最后这一个可能才是最有力量的。对我来说，在古董集市待一下午，即使空手而归，也乐趣无穷，就像即使我无法旅行，还是会在旅游网站上浏览好几个小时一样。其实，最后使你体内分泌多巴胺的是"寻求"而非"实现"。

我和我妈妈一样，不会放弃对房子的追求，也永远不会给自己找一个"临终养老住所"。不过，经过实践和仔细考虑，我正学着悦纳我所拥有的东西。写这本书对我帮助很大，现在环顾我的房子，我能清醒意识到它的缺点和弱点，比如烟囱里有风声，屋顶的石板瓦片不太匹配，花园里的白杨也歪得要倒了……但总体来说，它体现了本书中所提出的永恒原则。在寒冷的冬天，坚固的混凝土架子还是能在狂风怒吼中毅然挺立的。费伊工作室的窗户用的是笨重的铝边框，但从西面透过来的阳光绝美。客厅里的仿大理石壁炉是长辈们添置的，看上去有些俗气，缺乏光泽，但大小正合适。我们没打算把壁炉扔掉，想试试能不能用潮湿的茶包把大理石浸得暗沉些。即使在孩子的想象中，家也不是完美之地，因迪戈在画中画了一对灰色的塔，塔上的人面色痛苦，但她解释说："那是因为岛上的人都犯错了。"

建筑是流动的，随季节而变。屋顶瓦片脱落了需要更换，草坪需要打理，树篱蓬乱的"头发"也需要修剪。总之，现代生活的关键就是在自己的住宅上下功夫，只有你自己真的花了心思，住宅才会展现出你和它的个性。这样的住宅也许称不上完美，但终究是属于你自己的。

结语
Epilogue

打造完美之家
A Modern Way to Live

314

致　谢

　　本书得以面世，得益于一段长达三十年的友谊。第一次见到阿尔伯特是在学校的英语课上，他留着一头深色爆炸头，褶皱裤子的后裤袋上缝着他的名字 Keith（基思）。至于他为什么要留爆炸头，原因只有他自己知道。当初，他穿着一双闪闪发光的白色靴子出现在足球场上，而我们还穿着黑色的茵宝鞋，他的创新精神自那时起就显现出来了。但是，他的鞋小了两码，所以他就像一只穿着细高跟鞋的白鹭，在球场上昂首阔步。阿尔伯特一直都爱思考，创造力强，是他提出了创造"现代住宅"的点子，邀请我成为他的合伙人，对此我永远心存感激。任何成功的人际关系都是以信任和相互尊重为基础的，我和阿尔伯特的关系也是如此。

　　我想对现代住宅团队和伊尼戈团队发自肺腑地说一声"谢谢"，要感谢的人太多，在此我无法一一列举，但我为所有人感到骄傲。特别感谢埃玛·曼塞尔（Emma Mansell）一直以来的付出，感谢查理·莫纳汉（Charlie Monaghan）撰写了本书的许多原始采访，感谢埃米莉·史蒂文斯（Emily Stevens）帮我们拿到了出版许可。这些年来，还要感谢大方热情的朋友们，让我们进入他们的家中参观，特别是本书中引用的人或写到的人。感谢摄影师们捕捉到一幅幅美丽的画面，尤其是优秀的埃利奥特·谢泼德（Elliot Sheppard）。

　　感谢汤姆·基林贝克（Tom Killingbeck）向我们提供卓有见地的反馈和持续不断的正能量。感谢企鹅出版社生活系列的团队成员理查德·布雷弗里（Richard Bravery）、萨芙伦·斯托克（Saffron Stocker）、朱莉娅·穆尔戴（Julia Murday）和唐娜·波皮（Donna Poppy）等。感谢艾特肯-亚历山大联合公司的埃玛·帕特森（Emma Paterson）提供的专业指导，感谢塞西莉亚·斯坦（Cecilia Stein）、摩根·莱姆尔（Morgwn Rimel）和尼古拉·洛顿（Nicola Loughton）在形成此项目期间的鼓励和支持，感谢阿利斯泰尔·奥尼尔（Alistair O'Neill）和布伦特·黛珂欧睿斯（Brent Dezkciorius）辛苦审阅本书初稿，感谢盖伊·马歇尔（Guy Marshall）对现代住宅品牌的巧妙打造。

推荐书单

在现代住宅公司的办公室，我们有一间参考书阅览室，里面有几千本书，包含各类题材，从设计词典、园艺指南，到落满尘土的心理学书、外壳方方正正的建筑学经典著作。如果说这些书我都读过肯定不可能，但撰写本书给了我一个很好的借口，让我能够以查资料的名义在北欧风躺椅上享受许多时光。

我没有把参考书目一一列出，但在咨询了阿尔伯特后，我列出了一个自助书单，里面都是我们最爱的书，都是永不过时的巨著，可它们又往往被置于摇摇欲坠的书堆里无人问津。如果只挑一本推荐给大家的话，我会选择弗朗西斯·雷金纳德·史蒂文斯·约克写的《现代住宅》（*The Modern House*）。这部经典作品出版于 1934 年，它将现代主义建筑的惊人形式展现给守旧的英国观众，而在书籍出版 70 年后，便是我们创办的同名公司横空出世的时候。

Adamson, Glenn, *Fewer, Better Things: The Hidden Wisdom of Objects* (2018)

Alexander, Christopher, et al., *A Pattern Language: Towns, Buildings, Construction* (1977)

Bachelard, Gaston, *The Poetics of Space* (1994)

Barthes, Roland, *How to Live Together: Novelistic Simulations of Some Everyday Spaces. Notes for a Lecture Course and Seminar at the Collège de France, 1976–7* (2013)

Bernheimer, Lily, *The Shaping of Us* (2017)

Cantacuzino, Sherban, *New Uses for Old Buildings* (1975)

Conran, Terence, *The Essential House Book* (2000)

de Botton, Alain, *The Architecture of Happiness* (2007)

Ede, Jim, *A Way of Life: Kettle's Yard* (1984)

Einzig, Richard, *Classic Modern Houses in Europe* (1981)

Harwood, Elain, *Space, Hope, and Brutalism: English Architecture, 1945–1975* (2015)

Koren, Leonard, *Arranging Things: A Rhetoric of Object Placement* (2003)

Le Corbusier, *Polychromie architecturale: les claviers de couleurs de Le Corbusier de 1931 et de 1959*, Arthur Rüegg (ed.) (1997)

—, *Toward an Architecture* (1924)

McGrath, Raymond, *Twentieth-Century Houses* (1934)

Nairn, Ian, *Nairn's London* (1966)

Newton, Miranda H., *Architects' London Houses: The Homes of Thirty Architects since the 1930s* (1992)

Pallasmaa, Juhani, *The Eyes of the Skin: Architecture and the Senses* (1996)

Pevsner, Nikolaus, *Pevsner Architectural Guides: Buildings of England* (1951–74; 46 vols.)

Pidgeon, Monica, and Theo Crosby, *An Anthology of Houses* (1960)

Powers, Alan, *The Twentieth-Century House in Britain: From the Archives of 'Country Life'* (2004)

—, *Modern: The Modern Movement in Britain* (2005)

Rasmussen, Steen Eiler, *Experiencing Architecture* (1960)

Reed, Christopher, *Bloomsbury Rooms* (2004)

Ruskin, John, *The Seven Lamps of Architecture* (1849)

Tanizaki, Jun'ichirō, *In Praise of Shadows* (1991)

Tree, Isabella, *Wilding: The Return of Nature to an English Farm* (2018)

Tuan, Yi-Fu, *Space and Place: The Perspective of Experience* (1977)

Venturi, Robert, *Complexity and Contradiction in Architecture* (1966)

Williamson, Leslie, *Interior Portraits: At Home with Cultural Pioneers and Creative Mavericks* (2018)

Wohlleben, Peter, *The Hidden Life of Trees: What They Feel, How They Communicate – Discoveries from a Secret World* (2016)

推荐书单
Bookshelf

未来，属于终身学习者

> 我这辈子遇到的聪明人（来自各行各业的聪明人）没有不每天阅读的——没有，一个都没有。巴菲特读书之多，我读书之多，可能会让你感到吃惊。孩子们都笑话我。他们觉得我是一本长了两条腿的书。
>
> ————查理·芒格

互联网改变了信息连接的方式；指数型技术在迅速颠覆着现有的商业世界；人工智能已经开始抢占人类的工作岗位……

未来，到底需要什么样的人才？

改变命运唯一的策略是你要变成终身学习者。未来世界将不再需要单一的技能型人才，而是需要具备完善的知识结构、极强逻辑思考力和高感知力的复合型人才。优秀的人往往通过阅读建立足够强大的抽象思维能力，获得异于众人的思考和整合能力。未来，将属于终身学习者！而阅读必定和终身学习形影不离。

很多人读书，追求的是干货，寻求的是立刻行之有效的解决方案。其实这是一种留在舒适区的阅读方法。在这个充满不确定性的年代，答案不会简单地出现在书里，因为生活根本就没有标准确切的答案，你也不能期望过去的经验能解决未来的问题。

而真正的阅读，应该在书中与智者同行思考，借他们的视角看到世界的多元性，提出比答案更重要的好问题，在不确定的时代中领先起跑。

湛庐阅读App：与最聪明的人共同进化

有人常常把成本支出的焦点放在书价上，把读完一本书当作阅读的终结。其实不然。

时间是读者付出的最大阅读成本

怎么读是读者面临的最大阅读障碍

"读书破万卷"不仅仅在"万"，更重要的是在"破"！

现在，我们构建了全新的"湛庐阅读"App。它将成为你"破万卷"的新居所。在这里：

● 不用考虑读什么，你可以便捷找到纸书、电子书、有声书和各种声音产品；

● 你可以学会怎么读，你将发现集泛读、通读、精读于一体的阅读解决方案；

● 你会与作者、译者、专家、推荐人和阅读教练相遇，他们是优质思想的发源地；

● 你会与优秀的读者和终身学习者为伍，他们对阅读和学习有着持久的热情和源源不绝的内驱力。

下载湛庐阅读App，
坚持亲自阅读，
有声书、电子书、阅读服务，
一站获得。

本书阅读资料包

给你便捷、高效、全面的阅读体验

A Modern Way to Live by Matt Gibberd

Copyright © Matt Gibberd, 2021

First published as A MODERN WAY TO LIVE in 2021 by Penguin Life, an imprint of Penguin General. Penguin General is part of the Penguin Random House group of companies.

本书中文简体字版经 Penguin Books Limited 授权在中华人民共和国境内独家出版发行。未经出版者书面许可，不得以任何方式抄袭、复制或节录本书中的任何部分。

封底凡无企鹅防伪标识者均属未经授权之非法版本。

著作权合同登记号：图字：01-2022-6609 号

版权所有，侵权必究
本书法律顾问　北京市盈科律师事务所　崔爽律师

图书在版编目（ＣＩＰ）数据

打造完美之家 / （英）马特·吉伯德
（Matt Gibberd）著；夏佩瑶，袁桦译. -- 北京：中国
纺织出版社有限公司，2023.1
　书名原文：A Modern Way to Live
　ISBN 978-7-5229-0145-9

　Ⅰ．①打… Ⅱ．①马… ②夏… ③袁… Ⅲ．①室内装
饰设计 Ⅳ．①TU238.2

中国版本图书馆CIP数据核字（2022）第235101号

责任编辑：刘桐研　　责任校对：高　涵　　责任印制：储志伟

中国纺织出版社有限公司出版发行
地址：北京市朝阳区百子湾东里 A407 号楼　邮政编码：100124
销售电话：010—67004422　传真：010—87155801
http://www.c-textilep.com
中国纺织出版社天猫旗舰店
官方微博 http://weibo.com/2119887771
北京盛通印刷股份有限公司印刷　各地新华书店经销
2023年1月第1版第1次印刷
开本：787×1092　1/16　印张：20.75
字数：328千字　定价：139.90元

凡购本书，如有缺页、倒页、脱页，由本社图书营销中心调换